U0343859

欢迎来到人工智能时代

——百变智能机器人

周彦彤 杨谷洋 著

好面 陈宛昀 绘

浙江少年儿童出版社 · 杭州

代序：迎接机器人时代的来临

杨谷洋 | 台湾交通大学电机工程学系教授

随着科技的高速发展，机器人已经成为一个热门话题，人们围绕着这个话题充满了各种想象：将来会不会有机器人管家帮我们打理生活起居、准备一日三餐呢？真的好想有个像哆啦A梦的玩伴陪着我们一起成长，当然少不了那个神奇的口袋！有没有可能出现像“机械战警”一样的机器人来帮助辛苦的警察叔叔、阿姨维持治安呢？与此同时，我们对于机器人的能力也产生了许多疑问：它们会有感情吗？能拥有像人类一样的智慧吗？万一有一天机器人的能力超过我们，有没有可能反过来统治人类呢？这一切真是让我们既期待又有所顾虑，这些想象究竟是遥不可及的幻想，还是在不久的将来真有可能被实现呢？

想要回答前面的问题，就让我们先从工程学的角度来看一看与机器人相关的科学技术，了解一下它和人类的主要差别究竟在哪些地方吧。联合国标准化组织采纳了美国机器人协会给机器人下的定义：“机器人是一种可编程和多功能的操作机，或是为了执行不同的任务而具有可用电脑改变和可编程动作的专门系统。”这句话明确指出，虽然我们常常拿机器人与人相互比较，但它就是不折不扣的机器，并不是人。机器人作为一种高科技产品，它的特别之处就在于它拥有较高的人工智能、行动能力以及在面对未知环境时较佳的自主性。也许我们可以这样简单地概括一下：机器人就是一部能够灵活移动、会听说读写的电脑。

有些时候，工程师会赋予机器人类似

人类或是动物的外表或行为，让它们看起来比较可爱、容易亲近些，但是这些外在形象的改变，其实都很表面。事实上，由于机器人的决策与控制能力是来自电脑等以数字逻辑为依据的运算机制，而不是具有生命本质的大脑，因此机器人不具有像人类一样的意识，也就不会有“自己的想法”。比如说，我们每个人都觉得自己是独一无二、与众不同的，这就是所谓的自我意识，但机器人就不具有如此的自我意识。换句话说，机器人应该不至于会去羡慕或嫉妒另一个机器人比较漂亮或聪明。机器人这种不具有自我意识的特质，让工程师在开发具有情绪或感情的机器人时伤透了脑筋，因为机器人天生就是不带感情的。

当我们了解到机器人的特性以及它与人类的异同后，也就比较容易掌握机器人未来的发展趋势以及我们人类可能面临的挑战。不过，即使机器人的外在样貌与内在思维与人类大不相同，也并不代表机器人就没有能力学习与进步。如今，随着电机、信息、机械、材料等领域的迅猛发展，机器人产业也在迅速地成长，从工业机器人、服务机器人到医疗、救灾、教育、娱乐机器人等，各种不同用途、形式与功能的产品一一推出，而其活动的场所，也由井然有序的工厂，逐步扩展到了我们的家庭与社会。也许在不久的将来，会如微软创始人比尔·盖茨所预测的那样，每个人家中都会有机器人的梦想就要实现了！

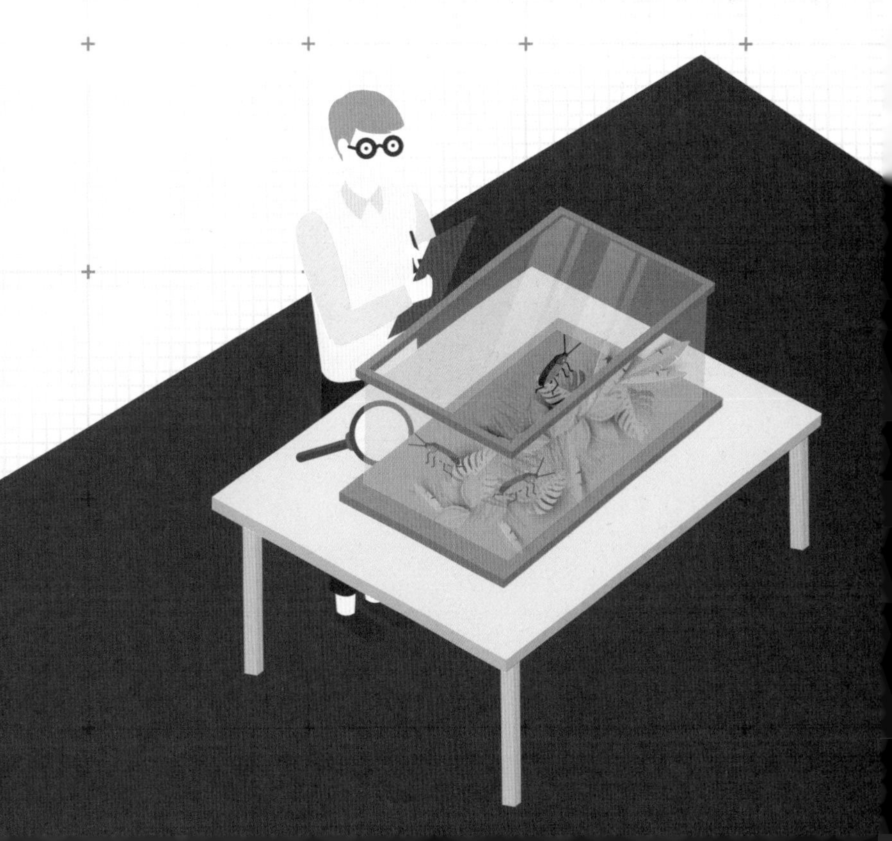

目录 CONTENTS

第一章
超级科学小剧场
走进机器人的世界
HOME
GUEST

RoboCup比赛现场
加油啊！

啊，机器人跌倒了。看，它被绊住了，来不及爬起来，要被抬出场了。
怎么搞的啊？碰一下就倒了。
我还以为它们会像动画片里的机器人那么帅呢。
仁杰，你在说什么呀？别看它们都长一个样，这些可是非常先进的机器人呢！
动画片里面的那些内容只是想象的。
既然它们都一样，那有什么好比的呢？

对呀，是为什么呢？
咦，你们不知道吗？
虽然这是足球赛，但实际上比的可是人工智能技术哦。
人工智能？
也就是机器人的大脑，谁的程序强，能让机器人跟人类一样思考，就可以获得胜利。
哈哈，看来光说还没办法让你们理解呢。
？？
对了，我是杨博士。
那边有另一场更高科技的机器人足球比赛，一起去看吧。
好啊。
就是这里了！
！

这是类人组机器人足球赛，跟刚才那场尺寸比较小的标准平台组的比赛不一样。场上的两个成人尺寸的机器人在进行一对一的射门比赛。
不过机器人后面为什么会站人呢？
是为了避免机器人跌倒。
什么？还要有人在后面扶？感觉更差劲了啊。
不，这可比刚才的比赛难度大哦。
这跟刚才的标准平台组可不一样，这组机器人除了身高更高、平衡与结构更复杂外，还能整合各项新信息技术来控制踢球动作。这可是现在机器人领域综合性最高的项目。
视觉感知
自定位
定位对方
团队定位
平衡
行走
踢球
哇，听起来就好复杂！

所以除了人工智能技术以外，让不同的机器人顺利完成不同任务也是很重要的哦。
对了，要喝饮料吗？
好的，谢谢！
它是家务机器人MAY，要喝什么饮料都可以跟它说。
午安，杨博士。
哇！谢谢。
哇！
有可乐吗？
怎么跑走了？
跟去看看吧。
它竟然会自己开冰箱呀。
是啊，它还能分辨不同的饮料，并拿给需要的人呢。
不过它竟然不用脚走路，而是靠轮子移动呢。
谢谢！
机器人有很多形态，不是只有用脚走路的才是机器人哦。

机器人的诞生是为了服务人类，比如许多工业机器人被普遍应用在汽车制造业等行业，其外形只是一只手臂。它们做的是焊接与喷漆等对人类来说是高危险性的工作。
因为有了它们，汽车制造业得到了很大改进。
也有人认为机器人终将走进人类社会，所以开始研发人型机器人，像日本的ASIMO就是其中一种。
此外，还有非人型的宠物机器人，也很受大家喜爱。
我见过，是那种可以上下楼梯还会跳舞的机器人。
也有许多研究者从生物身上取得灵感，设计机器人。
？
啊！

原来它跑到这里来了，真是不好意思。
是林博士啊，正好提到你的机器人呢。
不过它长得好奇怪啊。

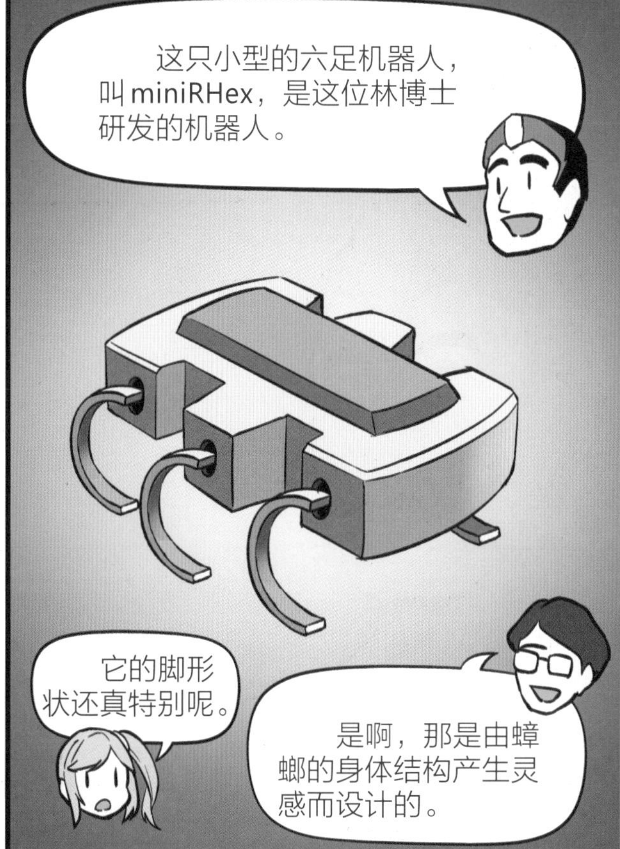
这只小型的六足机器人，叫miniRHex，是这位林博士研发的机器人。
它的脚形状还真特别呢。
是啊，那是由蟑螂的身体结构产生灵感而设计的。

不过这种机器人能做什么呢？
啊？
别那么慌张，蟑螂可是很强大的物种呢，再说这不过是个机器人啊。

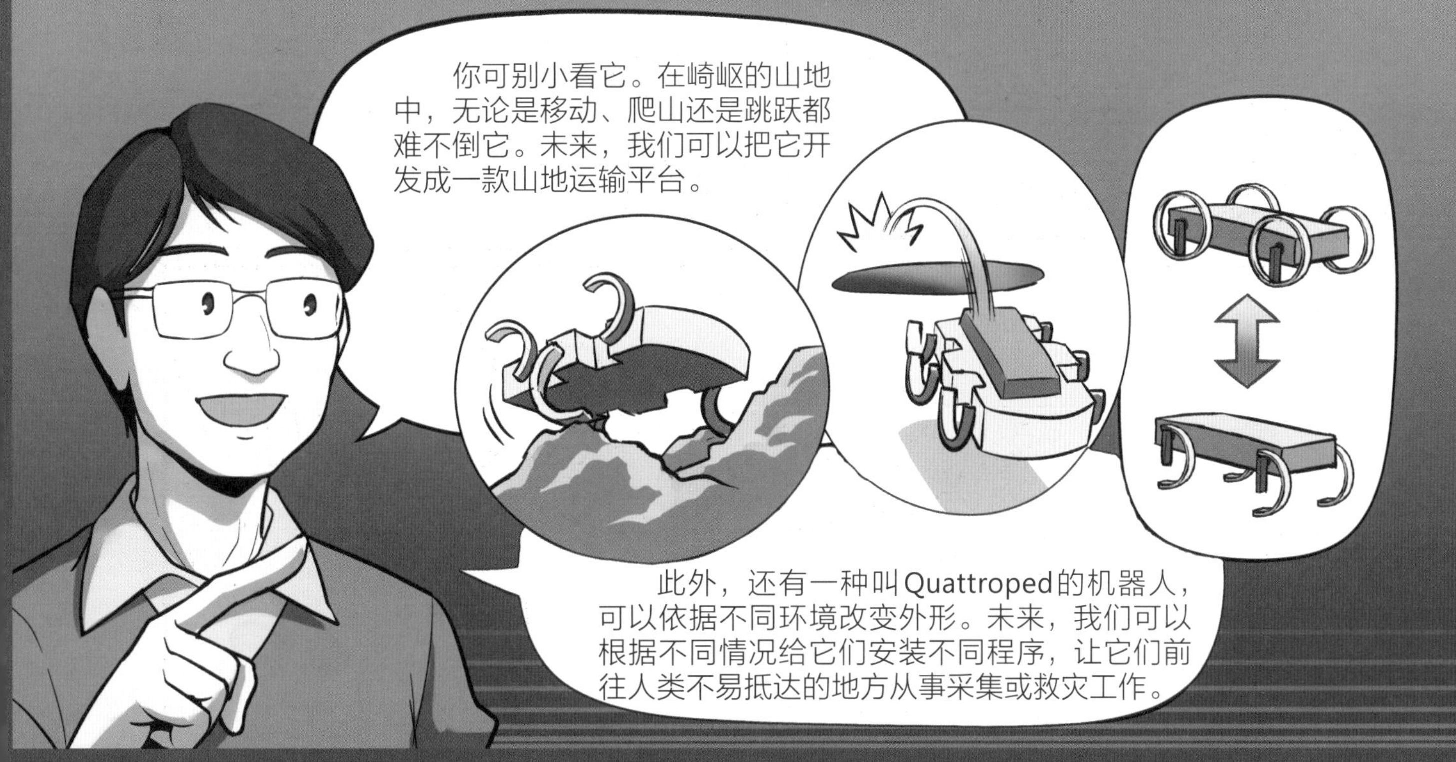
你可别小看它。在崎岖的山地中，无论是移动、爬山还是跳跃都难不倒它。未来，我们可以把它开发成一款山地运输平台。
此外，还有一种叫Quattroped的机器人，可以依据不同环境改变外形。未来，我们可以根据不同情况给它们安装不同程序，让它们前往人类不易抵达的地方从事采集或救灾工作。

没错，除了这种六足机器人以外，还有现在流行的无人飞机、四足机器人、鱼型机器人……
它们能到达人类不易前往的地方，也可以帮助人类更深入地认识这个世界。
哇？机器人还有这么多造型啊。
听起来还是生物研究比较有趣嘛。
不只这些，还有些机器人是像钢铁服一样穿戴在身上的。
除了钢铁服那种机器人外，还有像导盲犬一样的机器人，甚至还有像坐骑一样的导盲机器人呢！
仁杰，我看你不是喜欢生物研究，只是喜欢支配别的东西吧。
真的吗？
我才没有！
种类还真不少啊！
这样的话，未来的世界机器人不就随处可见了吗？
再过几年或许有可能哦。
哈哈！仁杰、亚琦，你们想去未来看看吗？
啊啊！好想看人类与机器人比赛啊！

就让你们用时光体验机好好地到未来感受一番吧！
哇！老师等一下！
这里是？
被老师送到了一个奇怪的地方！
20××年人类团队VS机器人团队冠军战即将开始。
我们要跟那些机器人比赛吗？
比赛开始！
不管啦！这可是展现人类意志的好机会。
冲啊！
哇！

第二章

认识机器人

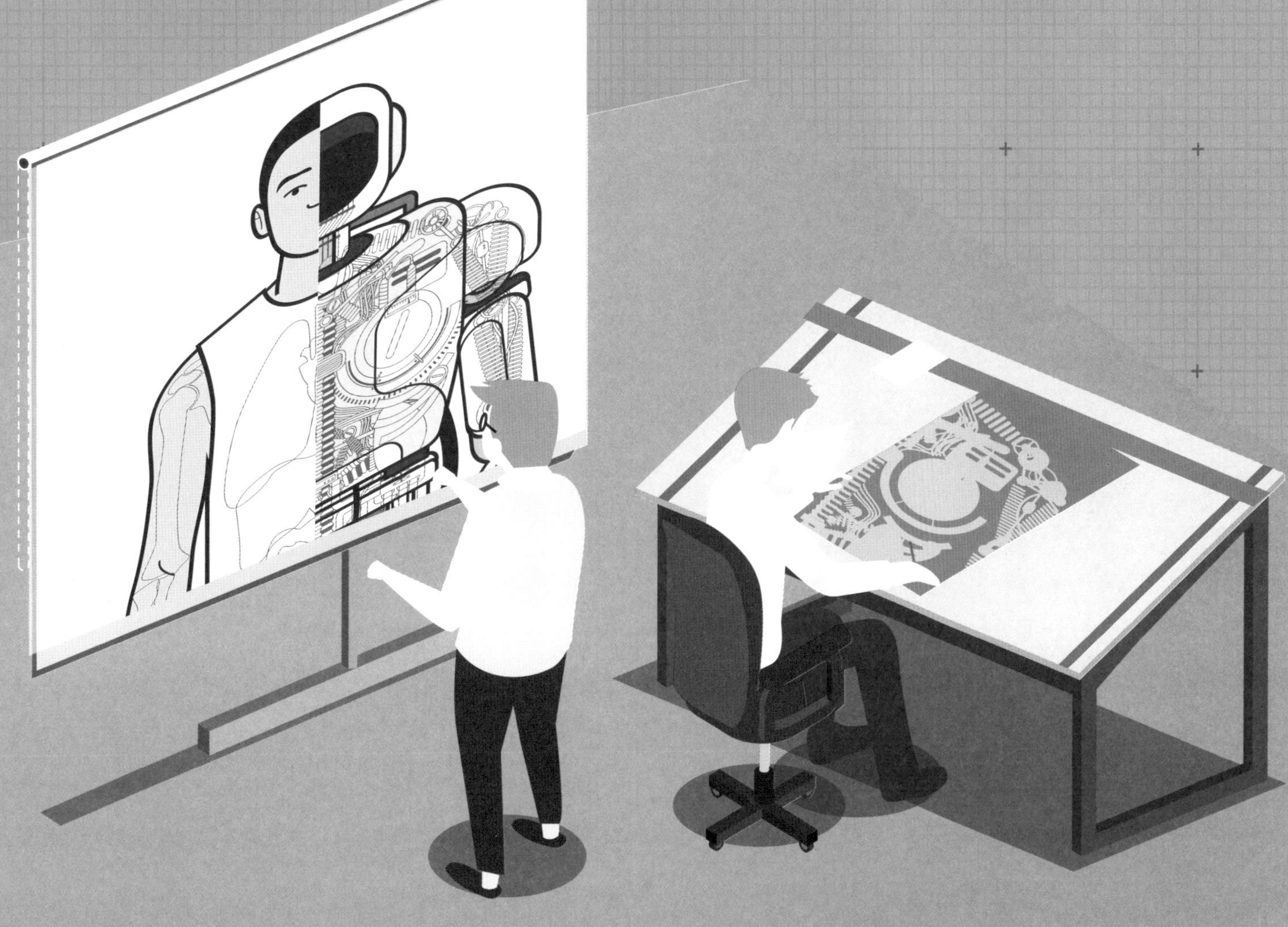

机器人是什么

提到机器人，相信你一定不陌生。在许多大受欢迎的科幻电影和动画片当中，机器人都担任了重要的角色：《超能陆战队》里，胖胖的大白是一个温柔善良又懂得医术的机器人；铁臂阿童木则是外表跟人类差不多，但其实是拥有超强功能的机器人，不仅脚底配备有火箭，还有超强的听觉，甚至能一眼就看出对方是好人还是坏人；《终结者》里的机器人，外表是个不折不扣的人类，但实际上却是从未来到现实世界中，企图消灭人类的可怕的机器人杀手；而永远可以从口袋里拿出各种法宝、造型超可爱的哆啦A梦，同样来自未来世界，但它是一只机器猫，这样可以算是一种机器人吗？要成为一个机器人，是否必须有人的外貌，又必须具备哪些条件？

回答这个问题之前，我们先来看看早期人们对于机器人的想象是如何的。早在18世纪的欧洲就已经出现机器人的概念了。钟表师傅利用齿轮与发条，制作出会完成特定动作的人偶，这些人偶会写字，甚至会弹琴。日本的江户时代也同样有工匠制作出非常精致的机关人偶，例如自动请人喝茶的奉茶童子，还有会连续射箭的射箭童子，这些都可以称为最早的机器人雏形，但都还不符合现代机器人的标准。

现代机器人在英语中称作ROBOT。有趣的是，这个词出自一出由捷克剧作家卡雷尔·查别克所创作的舞台剧《罗梭的万能机器人》。在这出戏剧中，那些工厂里制作出来的“人造人”，就被称为ROBOTA。日后研究机器人领域的科学家，便借用剧中的名词，把他们所创造出来的机器人称作ROBOT。那么，一个现代机器人必须具备哪些条件？科学家们认为机器人一定要符合两个特质：第一，它必须会动，而且要动得很灵活；第二，它必须具备可以独立面对环境变化的能力，根据周围的具体环境，来决定自己所要采取的行动，也就是要有自主性。这些特质听起来是不是跟人类很像呢？

会端茶、点头的奉茶童子

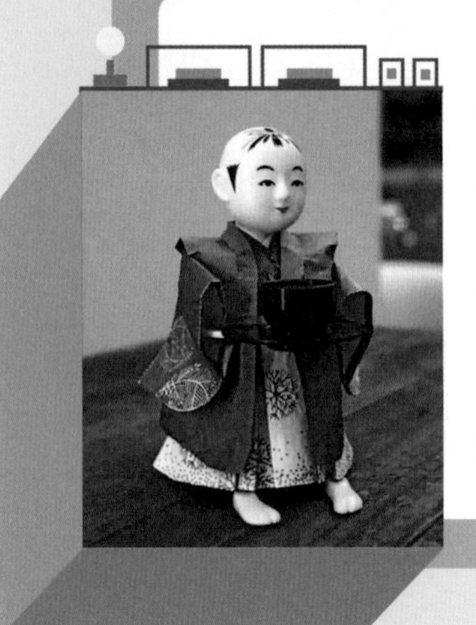

诞生于日本江户时代的奉茶童子，是一种会移动、走到定点能停下来、奉茶之后再走回原地的人偶。它能点头请人喝茶，等待人们喝完茶放回茶杯后再走回原点。这些让人感觉很有“智慧”的动作，令人啧啧称奇。不过，奉茶童子的设计完全依靠机械动力——也就是发条，来带动身体里精密的齿轮构造，才能完成这一连串的动作。它没有电脑控制，也就没有所谓的人工智能。以现代的眼光来看，我们只能称之为自动的机关装置，跟现代的机器人相差甚远。但在那么久远的年代，这样精巧的作品已经让当时的人们惊讶不已了。奉茶童子的出现，说明人类很早以前就在追求制造机器人这个梦想。

可以动得很灵活，又具有一定的自主性，而且还跟人类长得非常像，会跟人互动，举手投足都跟人类很接近的机器人现在已经可以见到。但对科学家来说，不管做得多像人，拥有多高的智慧，目前的机器人基本上还是一部机器。它的身体由机械组成，动力来自马达和电源，反应则源自电脑的操控——也就是人工智能。然而它不具有意识，不会产生自己的想法。

有没有可能，有一天控制机器人的电脑会产生自我意识，进而对人类造成威胁？这种对机器人的疑问和恐惧，几乎是跟着机器人的出现一起诞生的。前面提到的《罗梭的万能机器人》这部戏剧，讲的就是机器人一开始虽然为人类服务，但最后却叛变，导致人类灭绝的故事。在许多电影当中，我们也常常会看到机器人不是摆脱控制，反过来威胁到人类，就是被坏人控制，造成许多伤亡和社会问题……这些假想折射出大家对机器人的喜爱与恐惧的心理。

不过现实生活中，大家倒是可以暂时不用担心这么多。至少，能让“机器人产生自我意识”的科技还没有被发明出来。假使有机器人伤人事件，多半是设计不良或机械故障所导致，而不是机器人“故意”的。看过了机器人的定义与规范，让我们回到之前的问题吧：哆啦A梦究竟是不是机器人呢？虽然哆啦A梦圆圆胖胖的，但它非常灵活，而且可以满足大雄的各种需求，拿出法宝帮他解决问题。就算大雄做了很可恶的事情，哆啦A梦也不会攻击他。它还会在天敌老鼠出现时迅速跑开，保护自己。这些完全符合机器人的特质，所以它当然是个不折不扣的机器人（猫）了。

机器人三大法则

人们自古以来就对机器人存有幻想：如果有机器人可以代替我们完成所有的事情，那一定很完美。但人们同时又对这样的机器人心存恐惧，因为不知道这种机器人什么时候会失控，所以在许多科幻作品里，机器人都被描绘成会对人类造成威胁的危险怪物。不过，美国科幻小说家阿西莫夫（Isaac Asimov）却有不同的看法，他觉得人类怎么可以制作出伤害人的事物呢？因此在制作这些事物时，就像是汽车之类，一定要制定安全的规范准则，机器人也是一样。于是他就在自己的科幻小说中定下了“机器人三大法则”：①机器人不得害人或因不作为而使人受到伤害；②除非违背第一法则，机器人必须服从人类命令；③在不违背第一及第二法则的前提下，机器人必须保护自己。他的机器人系列小说，便是在这样的前提下发展出各种精彩剧情的。这严密的三大法则后来成为大家在思考人如何与机器人相处时的重要依据，另外小说中创造的名词“机器人学”（Robotics）也被学界所沿用，阿西莫夫也因此享有“现代机器人故事之父”的称号。

阿西莫夫 Isaac Asimov

谁需要机器人

人类最初希望用机械打造一款跟人类很像的机器人，想法其实很单纯。ROBOTA这个词，在捷克语中是“奴隶”的意思。科学家们借用这个词，给机器人取名为ROBOT，同时也借用了词中“为人类服务”的本义，希望机器人能分担人类的工作，还能做一些人类做不到或者太危险的事，比如到深海进行探测，或者在高温的环境中工作等等。

20世纪60年代，美国一位工程师恩格伯格（Joseph Engelberger）创办了全世界第一家机器人公司Unimation, Inc，并于1961年推出了Unimate robot，这可以说是全世界第一款进入批量生产和销售环节的机器人。不过，严格来说它并不是机器“人”，而是一款模仿人类手臂造型的机械手。那个时期的机器人多半应用在工业生产上，在封闭的生产车间中从事对人类而言危险性高的工作，例如在汽车制造业中从事焊接、喷漆工作，或者协助组装、摆放物品等，跟人类少有接触。经过精密的设定，它们可以做得比人类更好。

真正长得跟人类相近，有头、有手、有脚的人形机器人，是在20世纪70至80年代之间，由日本早稻田大学加藤一郎教授的实验室开发出来的动态步行双足机器人WABOT-1。这是全世界第一款可以用双脚站立行走的机器人，而且只要对它说话，它就会做出相应的动作，在当年可谓轰动一时。从此以后，日本机器人学界在人形机器人的研究领域一直非常出色，在全世界占有领先地位。

不过，你是否会好奇，工业机器人是为了分担人类的工作而产生的，但是一直到目前为止它们连走稳路都需要花费很大工夫，那么开发这样的人形机器人，目的究竟是什么？原来，人形机器人的研究者认为，总有一天机器人会进入人类的社会中，跟人们一同生活，所以他们的外形必须接近人类，才能让人们产生亲近感。另外也有研究者致力于制作出仿真机器人，目的是希望借由研究机器人来了解人类。

机器人诞生于工业产业，今天，它已经被应用到许多领域中，比如，会帮忙做家务、协助招待客人，甚至在医院里给病人开刀等等，它们跟人类的生活越来越接近。不过，制作一款机器人，需要结合许多尖端科技，因此，机器人身上的每个部分都需要非常专业的研究。接下来，让我们进入机器人的世界，了解一下它们的结构吧。

恐怖谷理论

机器人有许多种形态。其中有些研究人员特别钟情于人形机器人的开发，他们希望机器人除了跟人类的行为举止一样之外，还能有跟人类一模一样的外表。不过在设计人形外观时，有研究者就发现，当机器人的外观跟人类有点像但是又不怎么像时，人类会对它们产生好感；而一旦二者相似度越来越高，达到75%左右时，在这个半像不像的阶段，人们看到它们反而会心里发怵、感觉恐怖，对机器人的好感度大大降低；不过一旦越过这个令人感觉恐怖的阶段，外观的相似度再往上增加到几乎要跟人类一模一样时，就像人工智能电影里的机器人，简直跟人类外观无异时，人们对它们的好感度又会开始向上提升。这就是由日本机器人专家森政弘所提出的“恐怖谷”理论。

他认为这一切都归因于人的心理反应：当机器人不太像人的时候，大家知道那是一台机器，却长得跟人很像，就像喜欢玩偶一样，所以人们会去注意到机器跟人很像的部分，产生移情作用；一旦到了很像又不完全像的阶段，人们反而会注意那个不像人的部分，从而感觉不适；不过一旦跨越了这个阶段，就没问题了。这个理论成为制作仿真人形机器人时的重要依据。这么看来，机器人要进入人类社会还有许多关卡要克服，外观就是一个重要的挑战！

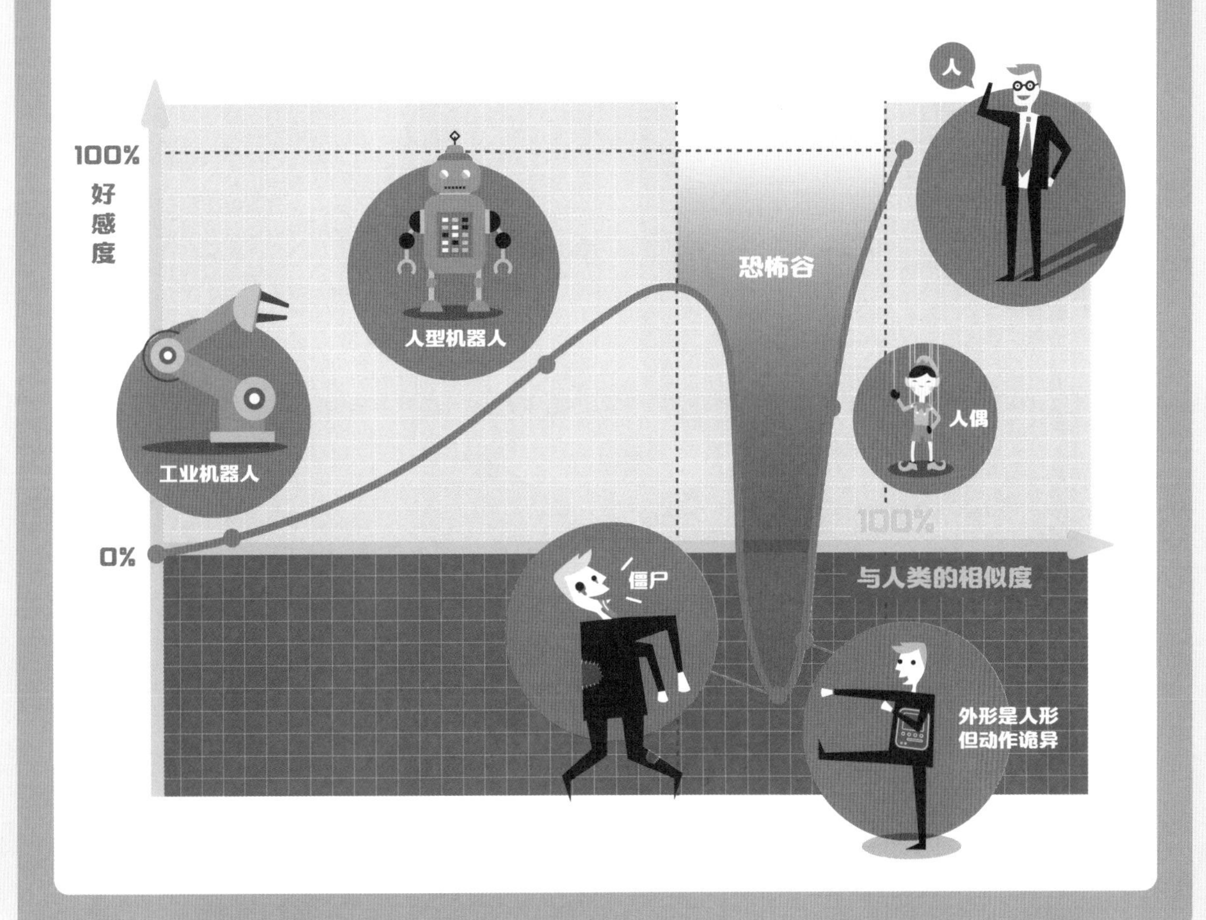

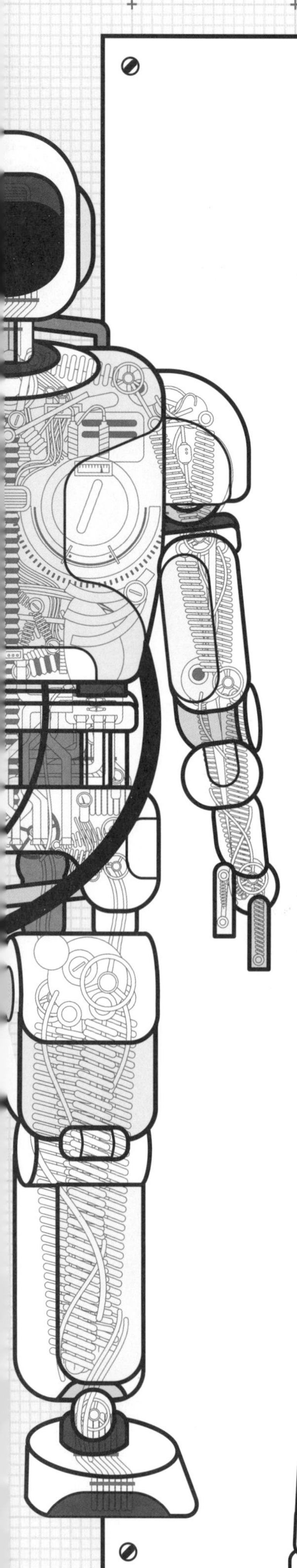

移动性与自主性

还记得前面提到机器人必须要符合的两个特质吗？即移动性与自主性。那么，科学家是如何让机器人做到这两点的呢？

让机器人动起来

该怎么让机器人动起来，只要观察我们身体的运动方式，大概就可以了解。让我们来思考一个情境：当你伸手去拿一只放在桌上的杯子时，你是怎么做的呢？你会举手，向前伸出去，使出适当的力气握住杯子，然后拿起来。这个动作简单到像条件反射一样，几秒钟的时间就能完成。但是当我们进一步观察身体的运动时，会发现那可是一个相当复杂的过程，你必须动用关节和肌肉，当然还需要你的脑袋来判断杯子的远近以及该用多大力气拿起那个杯子。

从拿杯子的动作，就可以发现当我们在执行一个简单的动作时，首先要有一个会做出判断、下达指令的大脑，还要有感官去判断周遭的环境，最后再由身体的相关部位执行动作。当我们想让一个机器人动起来，同样需要具备这三个条件。

人体的动作主要由四肢跟躯干一起完成。身体里的关节让我们可以伸缩、旋转、弯曲做出各种动作。机器人的构造是模仿人体的，只是把骨骼换成了机械结构。能上下或左右移动的轴，就是机器人的关节。但有关节还不够，当我们在运动时，主要依靠肌肉组织来提供力量。而机器人靠的是驱动系统，通常是利用电力来驱动马达，再通过马达的运转让机械装置可以运作起来。

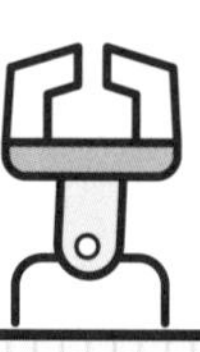

让机器人有感觉

假如让把你眼睛蒙起来，再伸手去拿桌面上的杯子，你会怎么做呢？你肯定会伸手小心地探测桌子试试能不能触碰到杯子。触碰到之后，你会去感觉杯子的大小、形状甚至是温度，接着用手指把杯子握住，同时感觉重量，最后施力把杯子拿起来。所以，即使我们看不见，还是可以顺利地把杯子拿起来，靠的就是其他的感觉器官。当然，在看得见的时候，这些动作我们可以完成得更顺利。

机器人在执行任务时，也需要有“感官”来帮助它们了解外在环境，保证它们进一步跟环境互动。这些“感官”靠的是“传感器”，它们可以把外界的状态转变成电流信号，传递到电脑进行判断。跟人一样的五感——视觉、听觉、嗅觉、味觉、触觉等功能，目前都已经被开发出来。人们会根据不同的需求，给机器人装设不同的传感器，例如能判断施加多少力气的力传感器、侦测距离的传感器等等。这些传感器就像人体一样，也会相互合作，例如通过视觉传感器，加上力传感器，再加上触觉传感器，可以让机器人的手臂执行更细致的动作，甚至是帮忙手术开刀。

来点聪明才智

最后，我们要谈谈让机器人动起来最关键的部分，就是机器人的“大脑”。机器人的“智慧”称作人工智能，因为它是人类通过电脑及程序所设计、操控的智慧。机器人跟所谓的自动系统不一样的地方就在于机器人拥有人工智能。输入指令，跟着指令执行动作的系统，称作自动系统。机器人虽然是由人工设计与操控，但是它可以根据外界的变化，去学习并且做出反应。以拿东西为例，自动系统只能拿取指令设定好、固定范围内的东西，太近或者太远都会拿不到，所施用的力气也是固定的，所以一旦换成别的物品可能就会被自动系统捏坏。但机器人就不一样，它会通过力传感器、距离传感器，甚至温度、压力等传感器，来判断物品的远近以及施力的大小，从而顺利拿起物品。重点是，每一次动作的数据都会传到电脑中储存，下一次再遇到同样的状况，机器人就能更快地反应——这就是学习。

人工智能除了会学习之外，还要具有推理、规划、感知、移动和操控物体的能力，几乎具备人类所拥有的大部分的智慧，不过这背后都还是由人类来操作控制的。

接下来，我们就一起来见见机器人吧！

人类 VS. 机器人

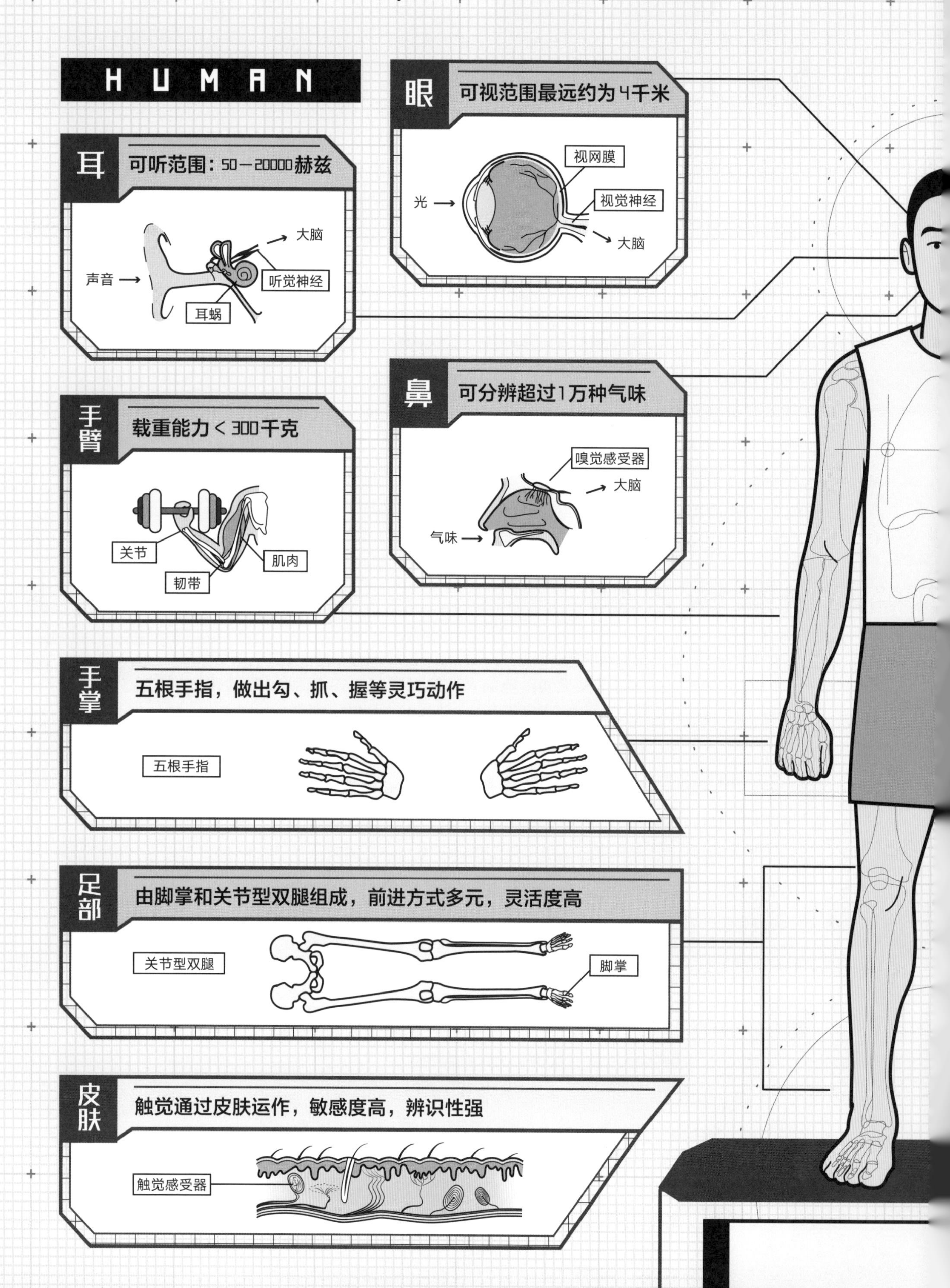
HUMAN
眼
可视范围最远约为4千米
视网膜
光
视觉神经
大脑
耳
可听范围：50－20000赫兹
大脑
声音
听觉神经
耳蜗
鼻
可分辨超过1万种气味
嗅觉感受器
大脑
气味
手臂
载重能力 < 300千克
关节
肌肉
韧带
手掌
五根手指，做出勾、抓、握等灵巧动作
五根手指
足部
由脚掌和关节型双腿组成，前进方式多元，灵活度高
关节型双腿
脚掌
皮肤
触觉通过皮肤运作，敏感度高，辨识性强
触觉感受器

“机器人”为什么能脱离制式化机械而引起人类的兴趣与研究呢？
答案是：它跟人类一样具有移动性与自主性。

机器人是工程师观察人类或其他生物从而模仿生物的运动机制，并且运用工程学技术简化或强化这些特性而创造出来的产物。因此它们肢体运动的方式跟人类的关节类似；对外界的感知也运用跟人类感官类似的传感器，进而可以拥有五感。机器人并非人类，但它们模仿人类的特性和感受，开展对这个世界的探索。

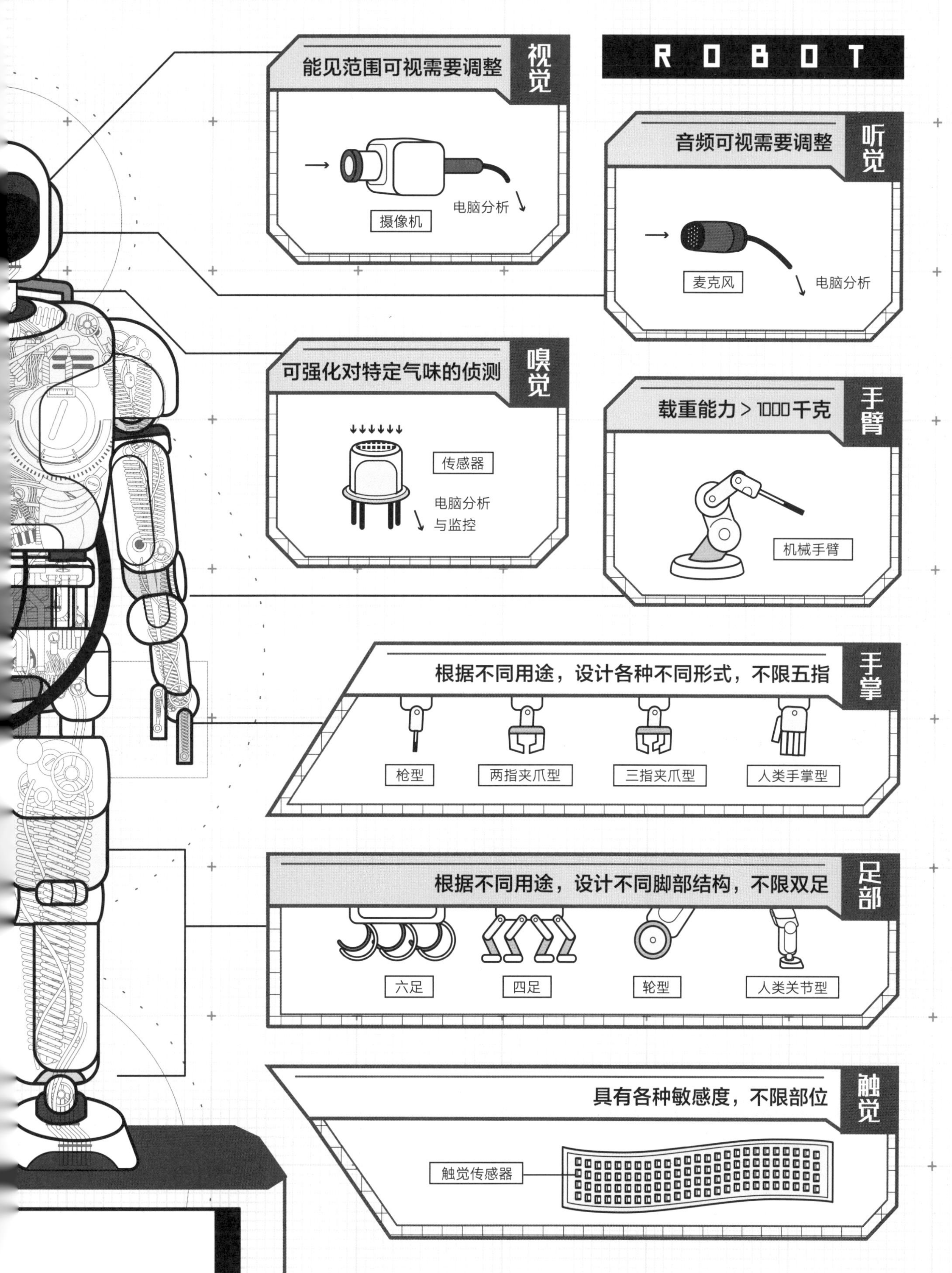

跟我握握手：机器人的手

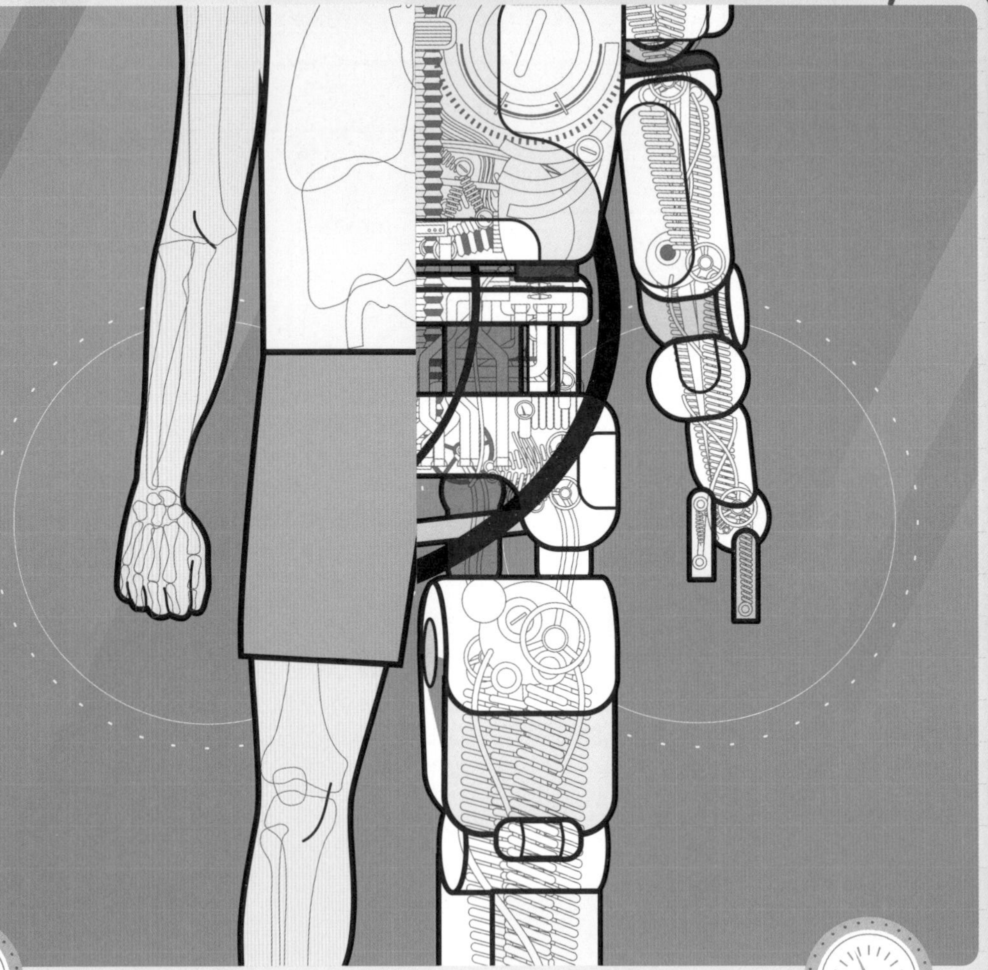

HUMAN

手臂

载重能力 < 300千克

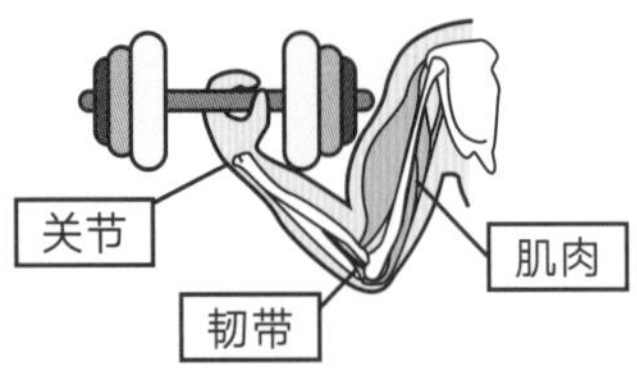

关节

肌肉

韧带

ROBOT

手臂

载重能力 > 1000千克

机械手臂

在发明机器人的历史进程中，最先被广泛应用的就是手臂了，因为人类发明机器人的目的，就是希望可以让机器人来帮我们“动手”做很多事情。

一起摆动手臂吧

观察我们的手臂，当我们能自由地伸手去拿各种东西时，手臂可以做到向前伸长、向后缩回，左右或上下移动。除此之外，我们还可以转动手腕、肘部和肩膀，做出各种动作。一只人类的手臂，总共具有七个自由度。

机器人的手臂参考人类手臂的构造，就必须也要有七组由马达构成的系统来完成不同的动作。最基本的构造是三个关节，每个关节上都装设有马达，让手臂可以移动和旋转，相互配合就能让机械手臂上下、左右与前后移动。为了让机器人可以完成更复杂的动作，人们常会根据实际需求，把它们设计为六轴、五轴，甚至更少的轴数。另外，现在还有多轴机械手臂，也就是拥有更多关节的手，可以把手扭成像麻花卷一样执行任务，真是太酷了！

自由度

所谓的自由度，指的是机械手臂（或脚）可以单独活动的方向的数目，例如：可以向前或向左，就称为两个自由度。以人类的手臂来看，总共有三个关节带动，能做到前后、左右、上下，还有一个扭转的动作，因此有七个自由度。机械手臂的自由度则由马达与关节来完成，要转动一个方向就需要一个马达，因此如果要跟人类一样有七个自由度，不像人类只要设计三个关节就可以，机械手臂上必须加上七个马达才行。自由度越高，机械手臂的动作就越灵活。

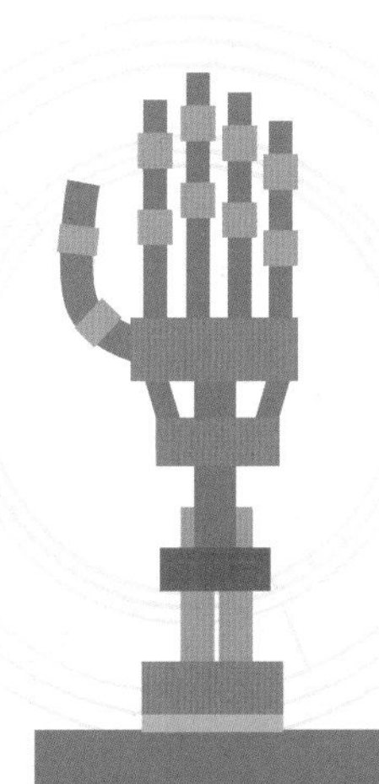

请帮我抓抓痒

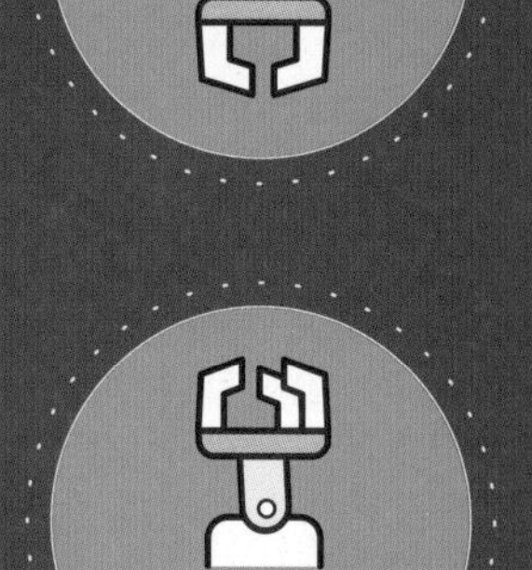

机械手臂跟人类手臂一样，最重要的功能就是要能抓取和操作。在工业生产中，负重是机械手臂一项很重要的任务，所以不管是手臂或者关节都会做得很粗大，这样才可以施加非常大的力气，甚至可以把整台汽车给抬起来。

人类的手腕连接着手掌，精巧的手掌与手指可以握住东西，并灵活地做出各种很精细的动作。但机械手臂不一定需要像我们的手掌这样复杂的结构，尤其是运用在生产上的机械手臂。人们通常会根据所需要的功能，来给机械手臂设计特定的“手”：例如焊接用的机械手臂，就会接上焊枪；喷漆用的手臂就会接上喷漆的工具。而只要能做到夹起东西、搬运还有完成简单加工的手掌，就称作夹爪。

最简单的夹爪就像是夹子一样，用两片平板把东西夹起来。如果要夹的物品更不规则的话，就会运用三指，像篮球运动员抓球投篮那样，把物品夹起来。另外，机器人的手也不一定要跟人类一样采用抓握的方式，它可以根据需要的功能，通过配备强大的磁力或者真空吸力的方式，把东西吸起来，这比用抓握的方式要牢靠。

不过，不管最后接上的是哪种类型的“手掌”，机械手臂可以跻身机器人的行列，是因为它是很有“智慧”的。机械手臂的身上也装有传感器与控制系统，工程师在机械手臂的“脑”中输入相关动作的程序，机械手臂就能根据程序的设定开始运行，而且可以重复操作无数次而不出错，也不会累哦！

握握手

虽然机械手臂的功能已经很强大了，但想要进一步制作出跟人类的手一样，拥有复杂的手掌与手指构造的手臂并不容易。虽然我们每天都在使用手，却很容易忽略手有多么厉害。抓握东西好像是很简单的动作，但如果仔细观察手的构造，你可能就会吓一大跳。因为我们的手指是由非常多的骨头、肌肉与神经组成的，所以活动的自由度很高，可以灵活地完成许多复杂的动作。另外，手的表面布满了非常多的触觉神经，所以当我们去抓握一样东西的瞬间，其实大脑对手部传回来的信息进行了十分复杂的处理，如此我们才能感觉到东西的软硬、冷热，以及是否抓到了东西。

可见当研究人员想要制造出多手指的机械手臂，并且让它拥有与人手相同的功能时，你应该不难想象工程有多么浩大。目前的技术虽然还没办法制造出像人手那样灵活的机械手臂，不过已经可以让机器人跟你握握手，同时保证不会捏碎你的手指了。未来的机器人甚至可以做出双手互相配合的灵活动作，到时候机器人可以完成的工作就会越来越多了。

眼明手快

过去，在生产线上的机械手臂执行的任务比较简单，比如根据一定的规则把东西放到输送带上去，机器人根据程序决定施加多少力气，把东西放到正确的地方，做很规律的动作。但这几年来，手臂也越来越“聪明”了，工程师帮机械手臂加上了“眼睛”，让它有能力可以“看”。所以当你把一堆散乱的东西丢到机械手臂面前，它可以通过视觉辨识系统，找出要拿起来的东西，还能判断和那个东西距离有多远。另外，夹爪上也装有力的传感器，让机器人可以根据东西的大小、位置，施加不同的力，既不会让它滑掉又不会把它捏坏，还能知道东西拿起来了没有。这样通过手、眼、力的协调，现在的机械手臂可以真正做到“眼明手快”了。

机械手臂上太空

机械手臂是在困难环境中执行任务的好帮手，所以在太空中执行任务的艰巨工作，现在也交给机械手臂来执行。最著名的太空机械手臂是加拿大臂，这是一只拥有六个自由度的机械手臂，安装在航天飞机上，航天员可以通过远程遥控手臂，执行运送、移动、组装、维修等任务。后来国际太空站上也安装了一组加拿大臂。航天飞机与太空站上的两只手臂可以进行互动，完成传递物品的任务，这个动作被人们戏称为加拿大握手。不过有趣的是，在太空中加拿大臂是可以举起三吨多重的物品的大力士，但是在地球上它却连自己的马达（约三百千克）都举不起来。

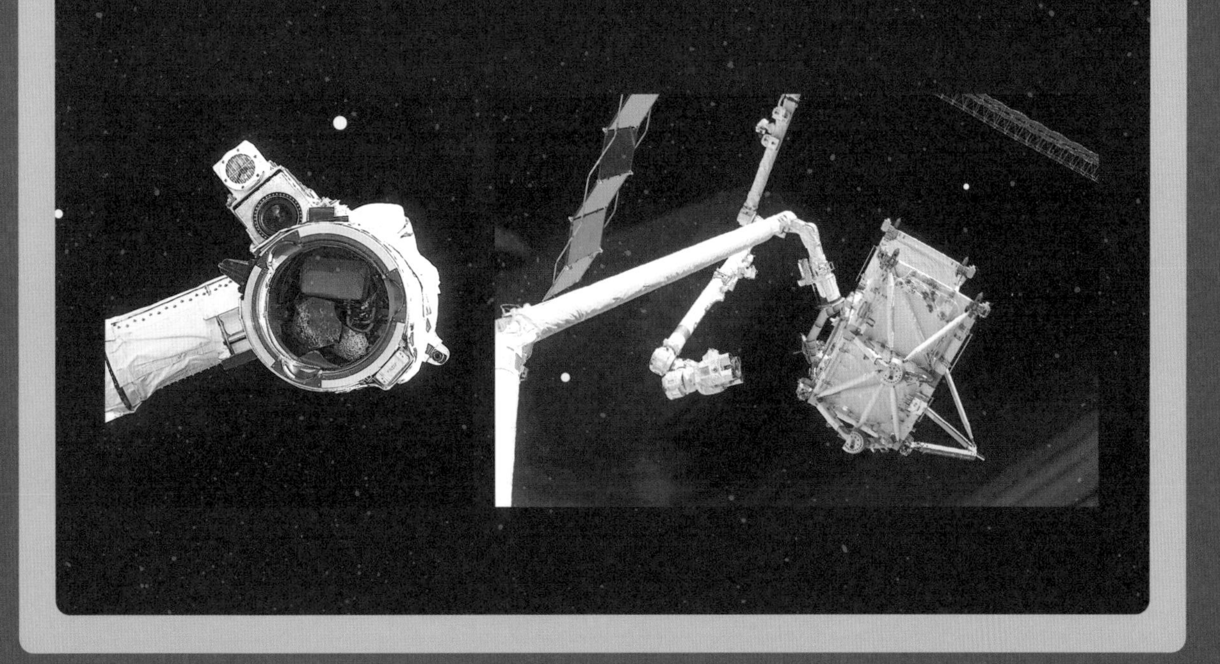

站稳喽：机器人的脚

HUMAN

足部

由脚掌和关节型双腿组成，
前进方式多元，灵活度高

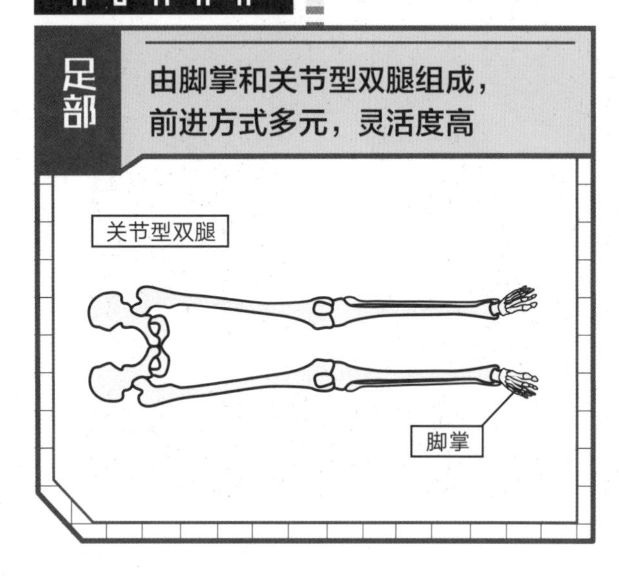

ROBOT

足部

根据不同用途，
设计不同脚部结构，不限双足

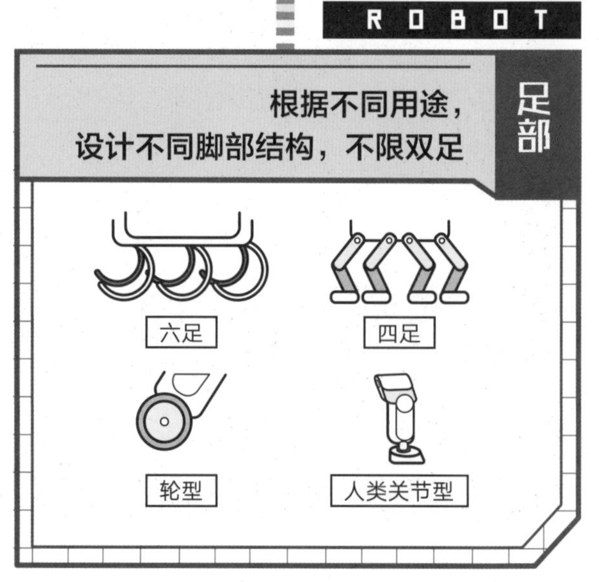

在正常的情况下，当我们想要从A点到B点，只要动动双脚走过去就可以了。但要让机器人可以灵活地四处走动，那就得做“足”准备！

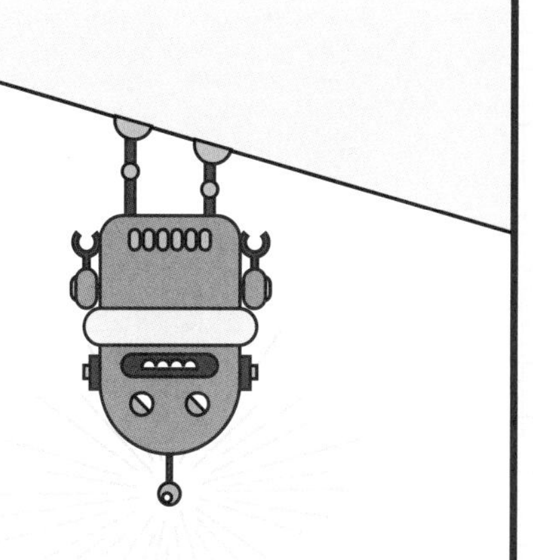

走得又快又好

如果我们将人类四肢的功能简单分类，会发现上肢也就是手的部位，主要负责的是操作，所以，我们坐在固定的地方就可以用手完成很多工作。机械手臂也一样，通常固定在特定的位置上，进行各种操作，相对很稳定。而我们的下肢也就是脚的部分，最重要的功能是移动。

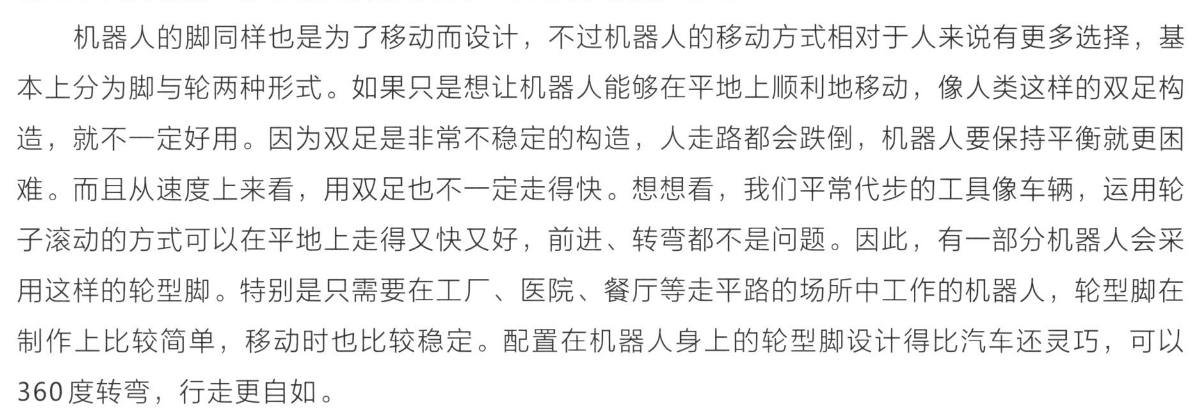

机器人的脚同样也是为了移动而设计，不过机器人的移动方式相对于人来说有更多选择，基本上分为脚与轮两种形式。如果只是想让机器人能够在平地上顺利地移动，像人类这样的双足构造，就不一定好用。因为双足是非常不稳定的构造，人走路都会跌倒，机器人要保持平衡就更困难。而且从速度上来看，用双足也不一定走得快。想想看，我们平常代步的工具像车辆，运用轮子滚动的方式可以在平地上走得又快又好，前进、转弯都不是问题。因此，有一部分机器人会采用这样的轮型脚。特别是只需要在工厂、医院、餐厅等走平路的场所中工作的机器人，轮型脚在制作上比较简单，移动时也比较稳定。配置在机器人身上的轮型脚设计得比汽车还灵巧，可以360度转弯，行走更自如。

穿越崎岖的道路

用轮子移动虽然很理想，不过人生的道路不会都是平坦的，这对于机器人也一样。遇到凹凸不平的地板、楼梯等复杂地形，轮型脚就会很尴尬。所以这样的场合就需要采用脚的形式。像人类或其他生物这样由关节组成、有很高自由度的脚，也是技术开发的重点，而且挑战更大。

以双足机器人为例，机器人足部运动的方式也模仿人脚，人的每只脚同样具有七个自由度，研究人员配置了七组马达来完成人脚的七种移动方式。不过仔细观察我们走路的动作，会发现除了双腿的摆动，腰的运动也很关键，所以最近也有研究者把对腰部运动的研究加了进来，让机器人整体行走起来更像人类，而不会看起来很机械。

关节型的脚最大的问题就是如何保持平衡。当机器人迈开步伐的时候，身体的重心要随着脚的动作而移动。观察刚刚学站立和走路的小婴儿，就会发现一开始他们经常刚站起来时摇摇晃晃的，或往前走时身体跟脚的位置不是协调得很好，常常一下子就会跌坐在地上，那是因为他还不太能感觉到身体的重心在哪里，也还没掌握用脚施力的方式。机器人也一样，如何让机器人在各种运动中，像是走路、爬楼梯、爬坡、跨过障碍时保持平衡，是制作机器人脚的关键。

两只脚之外

同样是脚的形式，当机器人不是人形的时候，就不一定要采取双足步行的方式，所以设计者会根据不同的需求，为机器人配置不同类型的脚。有些研究人员会借鉴其他物种的运动方式，应用在机器人身上。如果从重心跟平衡上来看，昆虫用六只脚行动是最稳定的方法，因为六足昆虫在行走时，是以三只脚形成一个类似三角形的模式为一个单位的，就像是三轮车的结构一样，它们可以很稳定地前进，复杂的地形也都能够克服。四足运动就像是猫、狗等动物，以两只脚为一组行走，虽然没有六足动物那么稳定，但也比人类的双足更容易控制。还有靠履带运动的机器人。此外，自然界可以看到用身体移动的蛇类，其移动方式也被应用在机器人身上，因而蛇形机器人也诞生了。

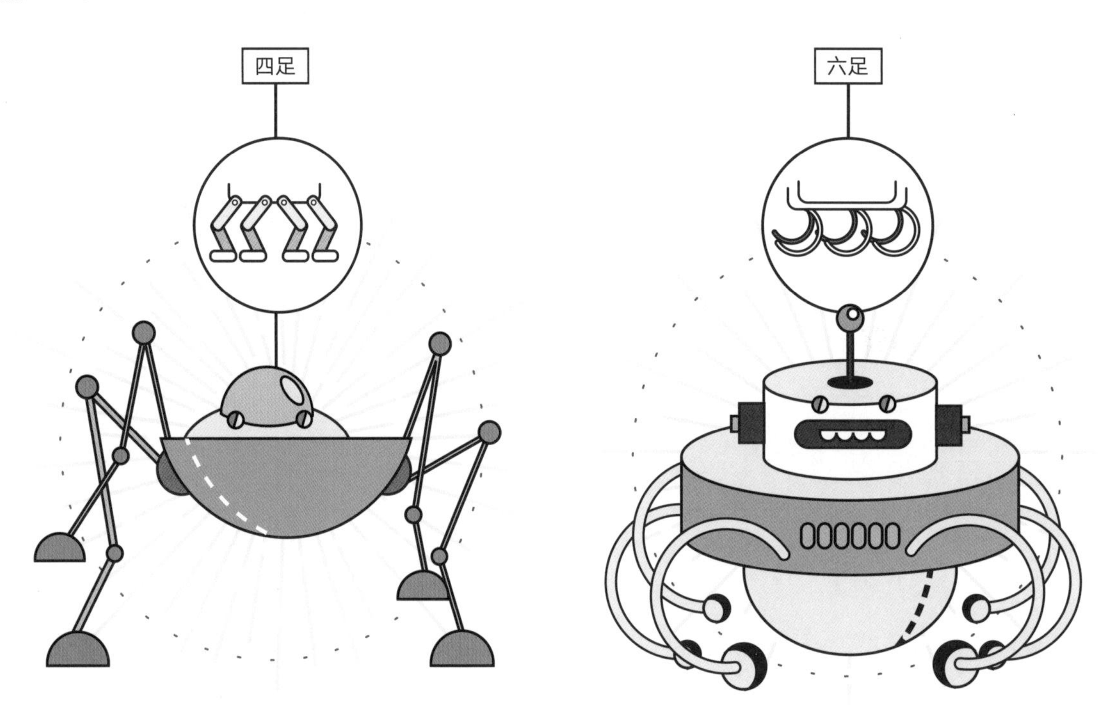

背起所有家当

不管是双足、四足还是六足的动物，脚的任务之一就是要支撑身体的重量。机器人也是一样，当要四处移动时，就必须要把自己所需要的家当都背在身上，其中包含了电源系统、驱动系统、运算的电脑，别忘了还有它的整个“躯壳”也要一起带着走，这些重量加起来，就可能会让机器人寸步难行。所以在制作机器人的双脚时，如何解决负重问题是一个重点，研制强动力的马达和驱动系统，以及如何把身体的其他部分做得更加轻巧，都是未来的课题。

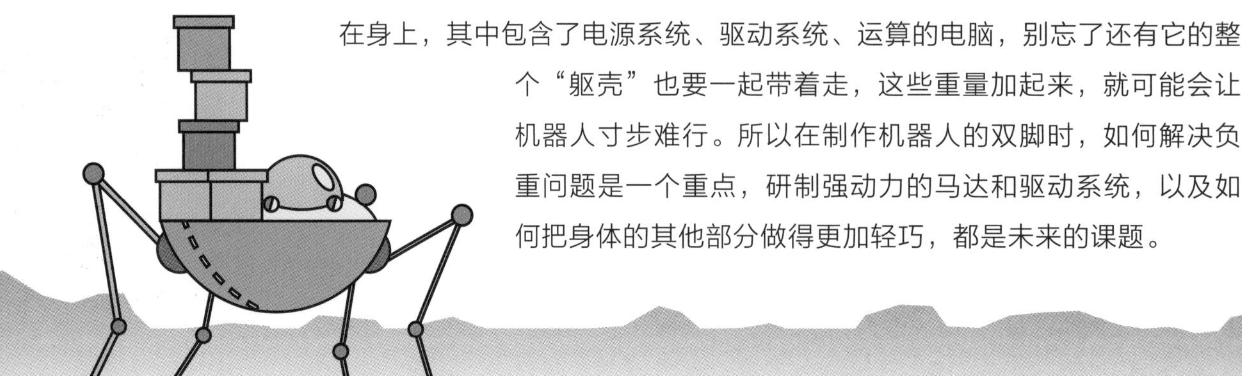

上火星的机器人

研究太空的科学家想要一探火星的秘密，但火星是不适合人类活动的地方，这就到了机器人大显身手的时刻了。2011年NASA将“好奇号”火星探测车送上太空，经过八个多月的航行，它在2012年顺利地降落在火星上。它肩负着探测火星上是否有水、火星的气候及地质状态等任务，所以身上的装备仪器科技含量非常高。它能自动避开危险，还有会采集样本后立即进行分析的机械手臂。“好奇号”之所以被称为探测车，是因为其采用轮足移动的方式，而且是六足，这样的设计可以让它行动自如。除此之外，它的脚暗藏玄机，上面的胎纹其实是一组特殊的编码，地球上的科学家能够借由这种特殊的胎纹判断它走了多远的距离。

看看世界：机器人的视觉

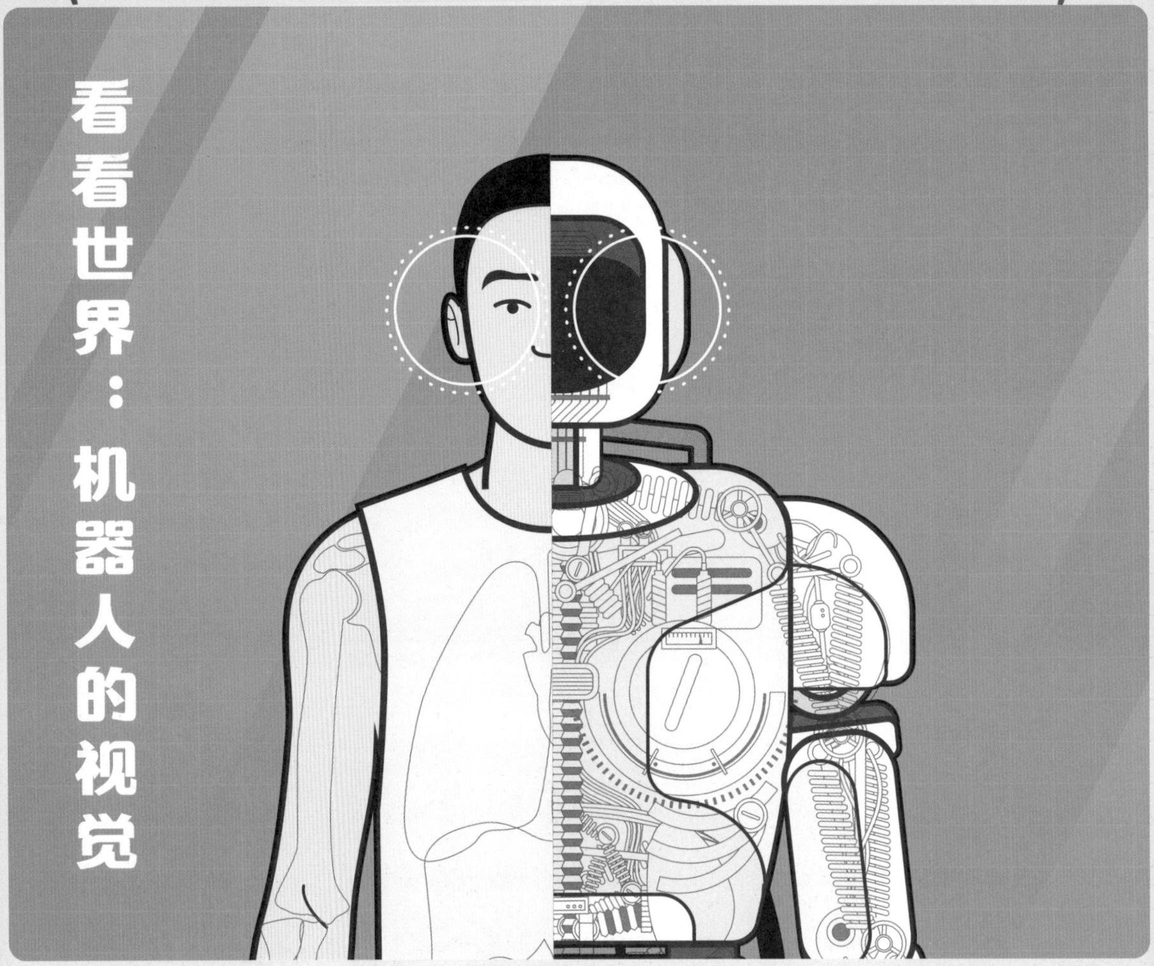

HUMAN

眼

可视范围最远约为4千米

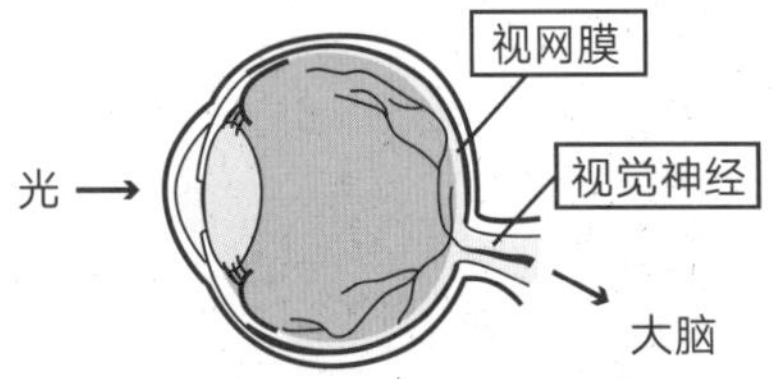

光 → 视网膜 视觉神经 → 大脑

ROBOT

视觉

能见范围可视需要调整

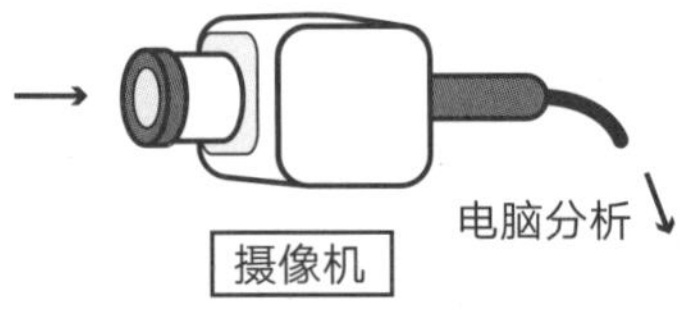

→ 摄像机 电脑分析 ↘

人类对环境信息的接收与了解，有90%以上是通过视觉来完成的，因此视觉跟其他感觉相比，相对重要许多。能“看”让我们可以做到更多事情，对于机器人亦是如此。

灵魂之窗

人类的眼睛是怎么看到外部世界的？眼睛可以说是个非常精密的光学系统。外界的光通过眼睛的晶状体，到达位于眼睛后部的视网膜，形成清楚的影像，然后，视觉神经把信息传递到大脑，大脑再把这些信息转变成视觉，于是我们就能看了，并且通过过去的学习与经验知道自己看到了什么。视觉对我们的行动有很大的影响，只要试着把你的眼睛蒙起来，就能发现再简单的动作要做起来都变得很困难，这对机器人来说也一样。

把人类识别影像的原理用来让机器人可以看到事物的机制叫作机器视觉（Machine Vision），这是一个模拟人类眼睛运作方式的系统。比如人类眼睛的部分用摄像机或照相机模拟，负责摄取外面的影像，接着把影像传输到电脑里，再由计算机进行分析、辨识，机器人就可以知道物体的形状、距离、明暗和色调，是立体或是平面。机器人将这些辨识好的信息记在脑海中，等下一次同样的物品出现时它就能一眼看出，不用再次进行复杂的分析了。

眼见为凭

有了视觉系统的机器人，能力就会变强许多，因为可以看见，机器人在执行任务时行动就更加精准，像是前面所提到的，具有视觉的机械手臂能做到“手、眼、力”的协调，进行更复杂的工作，能把对手的动作和如何出力都掌握得很好。

当机器人可以看的时候，通过视觉扫描自己所处的环境，就知道环境里所有物品的位置，再加上程序的帮忙，它就能规划出行走的路径，随时能避开障碍物。这样一来，机器人就可以走出人类所规划好的环境，迈向更复杂广阔的世界。机器人的视觉也可附加其他辨识系统，使之功能更强大。例如通过人脸辨识系统，机器人就能分辨出客人是谁，甚至可以分析脸上表情来判断对方的情绪，顺利跟人类互动。

我有透视眼

机器视觉技术还可以具有许多人眼比不上的功能。这让机器人可以替代人类去进行许多危险或者复杂的工作。例如机器人的视野范围比人类大很多，能进行大范围的扫描，收集更多信息，因此可以在黑暗、强光、高温等人眼不适合运作的环境中工作，而且它的工作时间很长，不会疲劳。机器人的视觉装置还可以加配其他功能，例如通过附加红外线或者颜色滤镜等功能的视觉传感器，机器人就能看出产品上人眼看不出来的很细微的瑕疵，甚至能分析饮料等物品里的成分。

通过高速视觉伺服系统，机器人可以应付高速移动的物体。当面对篮球运动员高速投过来的球时，加装了这种系统的机器人会清楚地看到球运动的轨迹，轻轻松松地把球给打回去。研究者把各种需要的功能附加上去，让机器人变成名符其实的千里眼和透视眼。如今，机器视觉技术不只应用在机器人身上，还被更广泛地应用于文件辨识、医学工程、航天遥测等及其他需要视觉的行为上，为人类带来了越来越多的便利。

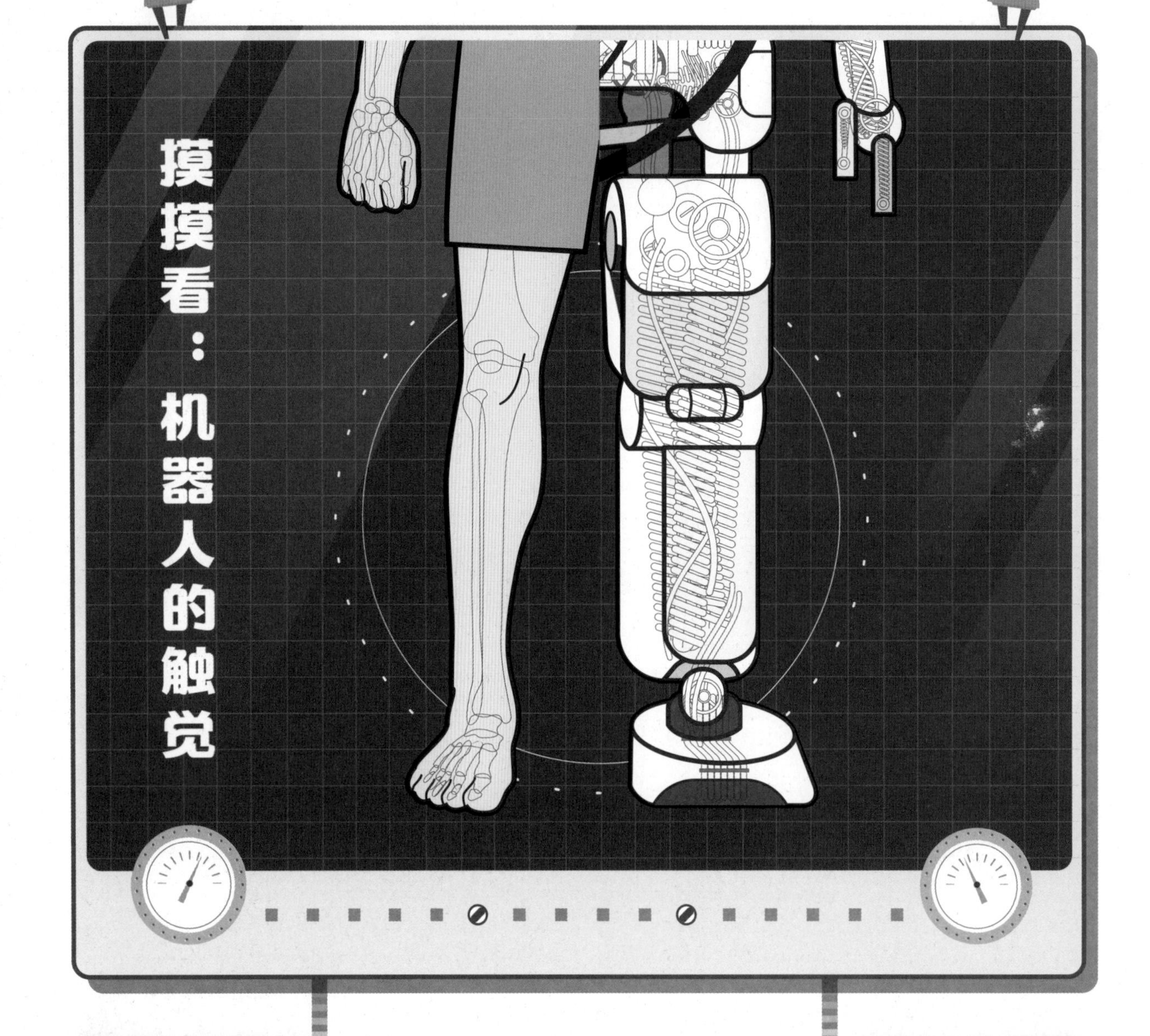

HUMAN

皮肤

触觉通过皮肤运作，
敏感度高，辨识性强

触觉感受器

ROBOT

触觉

具有各种敏感度，
不限部位

触觉传感器

触觉其实是由很多感觉综合在一起的，所以我们触碰到一个东西时，会同时感受到它的软硬、冷热、粗细等各种情况。当机器人也能拥有触觉的时候，甚至可以带人类触碰未知的世界。

感触有多深？

人体的触觉主要通过皮肤来实现，你会感觉到冷热程度、作用在身体上的力气大小、知道自己碰到什么东西等等，都是通过皮肤里跟神经系统相连接的侦测器，或称作触觉感受器完成的。我们一整天时时刻刻都在运用触觉功能，甚至睡觉的时候也不例外，所以触觉是一种非常重要的感觉。其中手这个部位的触觉感受器最多，一个指尖上大约有300多个感受器，保证我们用双手能完成许多高难度的事情。

当研究人员想要赋予机器人触觉时，首先想到的是能不能也给机器人安上和人类一样的皮肤，让机器人全身都有触感——也就是制造出所谓的电子皮肤。电子皮肤上安装有传感器，并且布满了电子线路。传感器会侦测皮肤所受到的压力、温度等信息，通过电路把它们回传到机器人的电脑上，机器人就能凭借“触觉”做出反应。不过这是一个花费很昂贵的点子，小小一片皮肤就造价不菲。况且有些机器人并不需要全身都拥有触觉，只要某个部位具有触觉传感器就能让它们功效倍增了。

一指神功

生产现场的机械手臂如果没有触觉，只是靠设定好的力量来拿东西时，能拿起来的物品就很有限。为了让机械手臂可以自动侦测抓起物品时的状态，研究人员在手臂的指尖上加装了触觉传感器。这类触觉传感器是为了实现在生产环境中的特殊功能而设计的，所以没有必要完全模仿人类的触觉，只要手腕及手指上能够侦测即可，基本上具有两种感觉：一是触感，能让机器人判断接触到物体的形状和质地。二是力感，力感又分成：压觉，判断要在物品上施加多大的力气；力觉，判断手指与手腕要从什么地方施力；滑觉，侦测掌握物品的状况，让东西不会滑落。通过用这样的触觉传感器，机器人不仅会选花生，还可以帮忙捡鸡蛋而不会把蛋捏破。

触觉感应

装配在机器人身上的触觉传感器，不仅能为机器人提供自主侦测的信息，通过触觉的交互感应，甚至可以让人类通过机器人传回来的触觉，扩大人类的触控感知范围。这类触觉设备是通过一个能够接收机器人回传触觉的操控器或者手套等设备，让操作者感觉到机器人碰到的物品的触觉，好像真正触碰到那个物品一样。这样的设备可以运用在医疗上，当医生把小机器人放进人体，通过远程操控，就可以让机器人帮忙开刀，以前需要开腹的手术，现在只要微创手术就能完成。利用这样的技术，也能让机器人在水下、太空中或者其他各种复杂环境中工作。操作的人尽管没有在现场，依然可以身临其境，完美地完成任务。

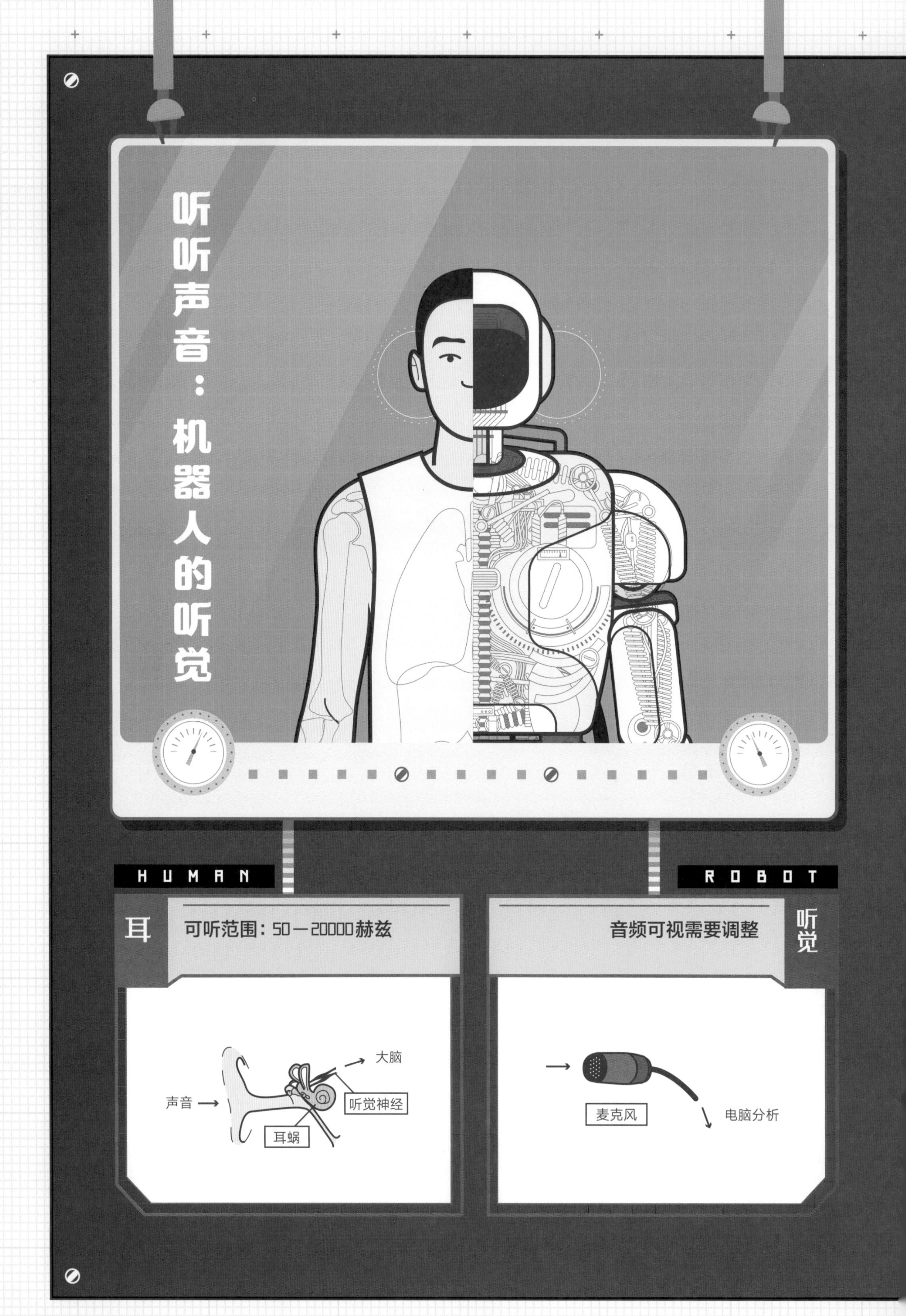
听听声音：机器人的听觉
HUMAN
ROBOT
耳
可听范围：50—20000赫兹
音频可视需要调整
听觉
大脑
声音
听觉神经
耳蜗
麦克风
电脑分析

听觉与说话是人类进行沟通时最重要的两个信息传递方式，未来机器人如果进入人类社会，要与人互动，听话跟说话将是不可或缺的功能。

听话

我们的耳朵听到声音，是因为说话时产生的声波传到耳中的鼓膜，再进入内耳迷路，然后由迷路中耳蜗里的听觉细胞将声音解码，把信息传递到脑部，人们才能听见声音，并且能判断听到了什么，从而分辨人说话的内容，以及不是语言的其他声音，像是铃声、汽车声、风声等等。当在嘈杂的环境中、或多人同时说话的情况下，也能正确地分辨出自己想要听的声音。

要做到具备人耳功能的听觉感测，在技术上还是很难实现的，研究人员希望赋予机器人听觉最主要的目的是让它们能辨识人类的语音，然后和人进行互动。这时候就要给予机器人耳朵——由一组麦克风组成的装置，当机器人听到声音时，会把脸或者身体转向声音来源，追踪说话者与音源，将收集到的声音，经过听觉传感器分析，再通过语音辨识系统，最后在大脑中的资料库里找出对应的行动指令，机器人就能完成人下达的指令了。具有高级听觉辨识系统的机器人，甚至能同时辨识三个人说话的内容而不混淆。

除了分辨人说话的内容之外，现在有些机器人也会分辨环境的声音，例如辨识马达转动的声音，确认它是否正常运转等，也可以辅助其他传感器让机器人对环境的掌控力更高，甚至连听音乐跟着节奏一起跳舞也难不倒机器人。

说话

现在，通过特定软件，机器人跟人类对话已经不是新鲜事了。如果机器人要理解人类说话的内容，并做出正确的回应，那么在它的大脑中要先建立一套相关的资料库，来根据听到的内容决定该怎么答话。例如苹果手机里的SIRI软件，因为被定位为助理软件，所以具备了助理这个范畴里的相关知识以及搜索功能，才能预报气象、寻找餐厅。为了跟人类对话，机器人要完成许多学习任务，除了日常的应对，还得要有一些专业知识，才能跟不同背景的人谈话。

但机器人的回话总是有些机器腔，冷冰冰的让人很难聊下去。如何能让机器人说话说得不像机器，则是个相当大的考验。研究人员也在机器人的答话方面下了功夫，现在已经有机器人讲话时听起来像有真情实感一样，并且会根据谈话现场的气氛进行调整，它们甚至还会学习了解人类的个性，以及如何应对的方式。

跟人类对话的功能，让机器人尤其在服务、家政与陪护等领域会有更好的发展。以后当你在餐厅点菜、请人来进行家政服务时，来为你服务的有可能都是机器人哦。

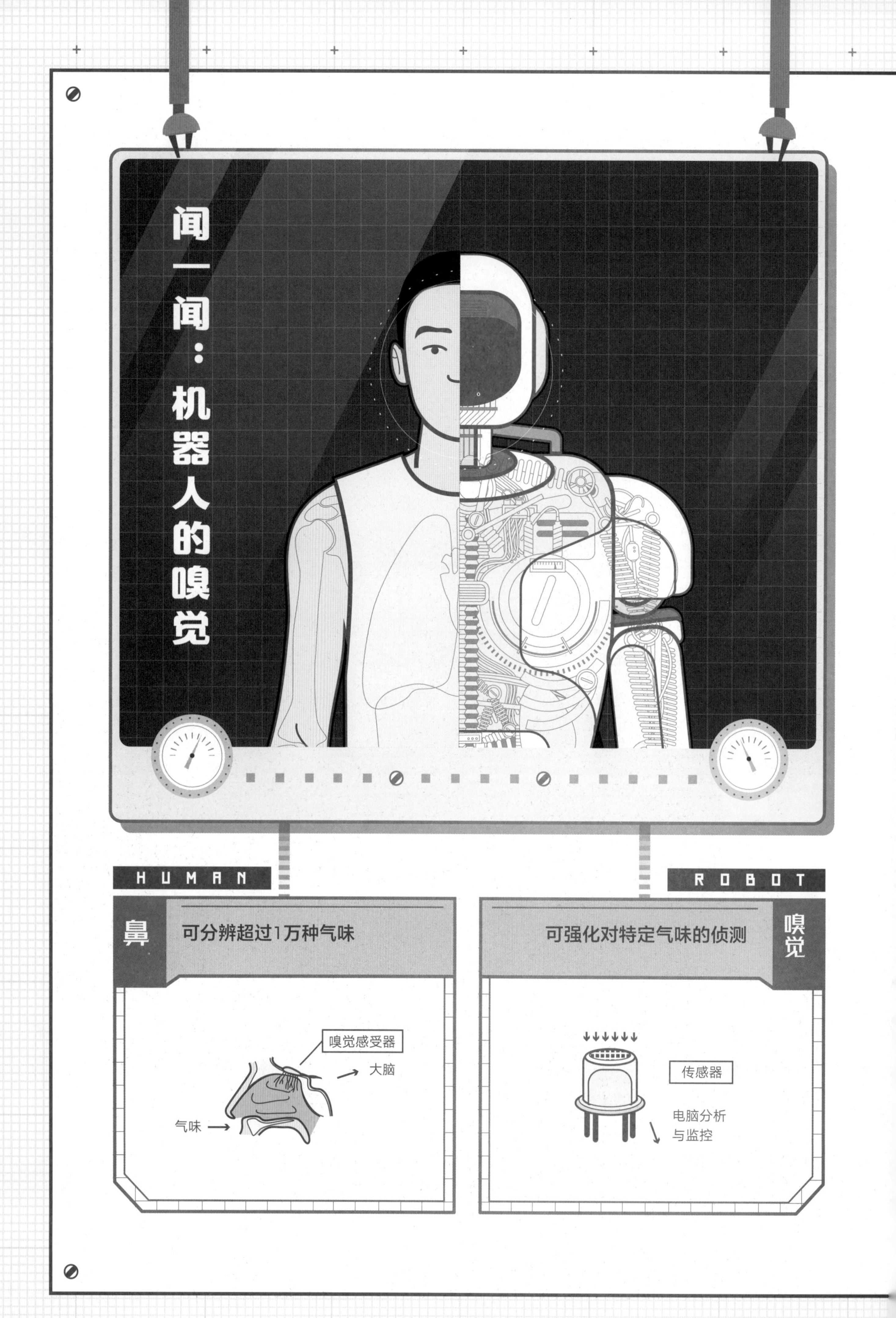
闻一闻：机器人的嗅觉
HUMAN
ROBOT
鼻
可分辨超过1万种气味
嗅觉感受器
大脑
气味
可强化对特定气味的侦测
嗅觉
传感器
电脑分析
与监控

嗅觉能让我们闻到空气中的各种气味。嗅觉比人类灵敏的生物，靠嗅觉来找食物、侦测敌情，甚至用嗅觉来交流。而机器人靠嗅觉闻到的到底是什么味道呢？

让我闻一闻

视觉传感器捕捉光来成像，听觉传感器收集声波来分析，触觉传感器则通过感受外界物理现象（压力、温度等）来做出判断，那么让我们闻到各种气味的嗅觉又是通过什么方式运作的呢？事实上，气味是由化学分子所组成，像尿味就来自氨气。当鼻子吸入空气，鼻子里的嗅觉感受器就会捕捉空气中的化学分子。人的鼻子里大约有一千种嗅觉感受器，每一种都可以侦测一群特定的化合物，再将信息传送到脑中，让你立刻知道这是什么气味。

装设在机器人身上的嗅觉传感器，也是利用侦测化学成分的方法，来让机器人分辨气味的。嗅觉传感器特别的地方是可以加强对单一化合物的感测，而且灵敏度可以比生物的嗅觉高出许多，也不会像生物那样因为受到生理影响而降低嗅觉功能。

比如最常见的侦测烟雾的传感器会监测烟雾的浓度，当浓度过高时机器人就会示警，避免火灾的发生。另外，自然界有许多生物的嗅觉灵敏度都比人类高许多，例如狗的鼻子因为很灵敏，经常协助人类进行搜救或者侦测的任务。研究人员便模仿狗的鼻子，开发出电子狗鼻用来侦测炸药，只要有非常微量的炸药成分，电子狗鼻都能侦测出来，并且找出气味的来源。未来这类有危险性的任务就交由机器人来执行。也有研究团队借鉴蚊子的嗅觉机制，研发可辨识出人体汗味的传感器，能用于救灾，协助寻找失踪者。还有应用在居家陪护机器人身上的嗅觉传感器，通过感测病人身上的体味，判断该采取什么行动。可见嗅觉传感器的用途非常广泛。

酸甜苦辣，哪一味？

机器人可以拥有嗅觉，那么它们能尝得出味道吗？我们之所以能品尝出食物的味道，是因为舌头上的味蕾能侦测出唾液中的化合物。味蕾上的神经细胞里有味觉的受体，会将品尝到的味道传递到脑中，让我们知道食物的滋味。

让机器人品尝出味道的味觉传感器，则是通过侦测食物的成分后转成数据，再根据这些数据，把食物的味道量化，给不同味道的数据下定义，比如是偏苦还是偏酸，有毒还是无毒，某种味道又属于哪种食物。目前有些味觉侦测器能品尝出酒类的味道，分辨出不同啤酒的品牌，对酿酒业帮助很大。味觉传感器未来也可以应用在其他领域，例如在救灾时判断灾区的水源或剩余的食物是否可以食用等，帮助受困者维持生命，等待救援。

让我想一想：机器人的脑

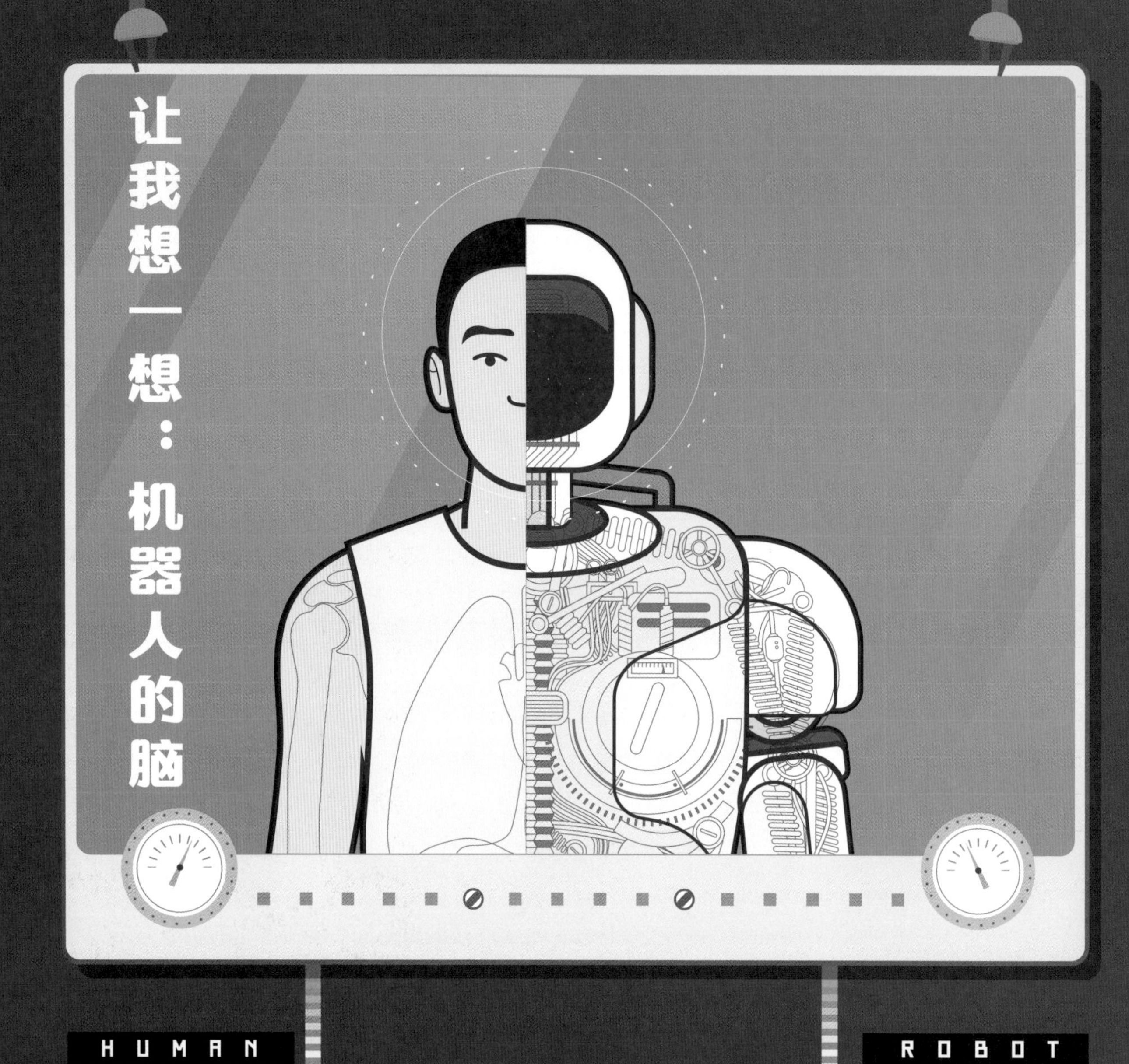

HUMAN

大脑

通过神经与认知系统，感觉与思考

ROBOT

电脑

根据电脑系统中建立的庞大数据库做出判断

机器人为什么那么吸引人？而人类为何又总是对机器人有许多想象？这全都因为它有一个很特别的“脑”，让它可以跟人类一样充满智慧。

添加一点“智慧”吧

机器人的大脑，简单地说就是一台功能很强大的电脑，跟人类的大脑一样，它也掌控着机器人的“感觉”与“思考”。

人类的大脑里布满了神经细胞，连结全身的神经系统，因此身体每个部位接收到的感觉，都会通过神经回传到大脑，再由大脑做出反应。机器人的感觉原理也差不多，通过身上安装的传感器把信号传回主机，机器人就能感觉到身体外的状况，再由相关程序下达指令，做出反应。所以机器人行走的时候自己会避开障碍物，到陌生房间绕几个圈就能知道居家的摆设，找出行走路线，听起来是不是跟人类很像呢？

只不过，机器人的这些反应都是由人类预先建立的。工程师将各种想要给予机器人的知识放进机器人的电脑系统中，建立一个庞大的数据库。当遇到一个问题时，例如该怎么走路，如何在瓶罐中辨识出可乐，跟人类交谈时在什么情境下应该做出什么反应，甚至怎样的信件该回复怎样的内容等，机器人会快速地搜寻“脑”中的知识，再利用程序所设计的规则来找出答案，如同拥有了智慧一般。

不过，当机器人面对一个不在自己资料库里的问题时，可能就会不知道该怎么办或者会做出错误的判断。现今的机器人虽然能够表现出“学习”的样子，但基本上还是脱离不了人类的操作。

深度学习

但是，机器人有没有可能自主学习呢？它们会不会拥有自己的意识呢？这是打从机器人还没有问世之前，人们就在热烈讨论的问题。想让机器人拥有接近人类的智慧，是许多研究者一直努力的目标。例如模仿人类神经网络系统运作的方式所建立的“神经网络模型”，让人工智能电脑Google Brain已经可以在没有被预先告知图片知识与说明的状况下，能辨识出人脸、身体与猫的差别，进行分类。另外，微软所开发的人工智能程序“Tay”，从与人类的互动中去学习如何互动。不过这会有个风险，就是它可能会学坏。微软为“Tay”开了一个推特账号，让大家都可以来教它一些东西，却没想到“Tay”最后真的被教坏了，微软只好紧急关闭它的账号。

尽管这些自我学习的能力已经很强了，但机器人与具有跟人类一样的思考能力还有很长一段距离，更不用说能产生自我意识了。但话说回来，如果有机器人真能自主思考，有自我意识，这恐怕并不是许多人愿意看到的。毕竟，如果有像电影《终结者》中的天网一样失控的人工智能超级电脑，对人类来说可不是一件好事。

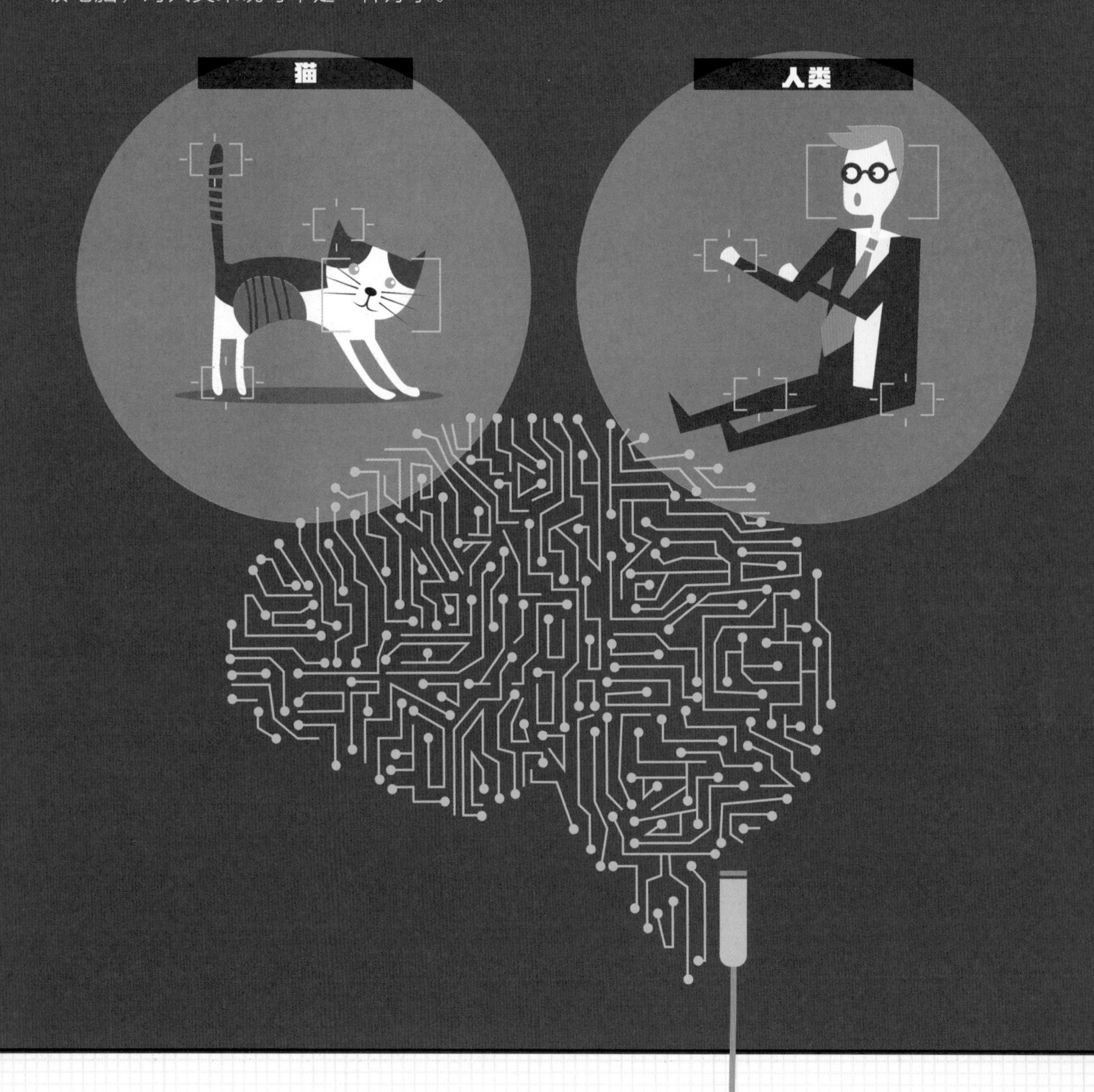

打败人类的下棋高手

对决

人类棋王

2016年全世界最轰动的新闻之一，就是人工智能AlphaGo跟韩国棋王李世石的对决。在这场对决之前，电脑已经创下打败人类国际象棋冠军的纪录，只不过围棋的对决更引人注目，因为围棋是规则更为复杂、变量更大的比赛。棋盘上的棋子数量不断在改变，想要超越对手，人工智能就不能再只靠事先输入的数据来推断怎么下，而必须要真正顺应棋局，走出适当的下一步。AlphaGo配备了强大的算法以及深度学习的功能，且不像人类会因为紧张、受情绪影响产生失误，最终，AlphaGo以四胜一败的成绩打败了人类棋王。这场具有标志性的比赛，意味着人工智能技术又向前迈进了一步。

机器人小百科

究竟是人还是机器：仿真机器人

走进日本科学未来馆，你会先被一句醒目的问句所吸引：“人类是什么？”（What is Human？），接着往里头走，你会看到几个真假难辨的机器人，甚至还有婴儿机器人。站在这些几乎跟真人无异的机器人面前，你不得不去思考：人类是什么？

“机器人究竟要不要像人”一直是一个很有趣的议题。强调功能性的一派认为像不像人根本不是重点。但另外一派学者认为，做出跟真人无异的机器人才是他们的终极目标。最热衷于研究这个领域的专家是日本的机器人学者石黑浩，他打造了一款跟自己长得一模一样的机器人，当这款机器人第一次出现在课堂上代替他上课时，石黑浩在另外一个房间里遥控它。学生的反应很有趣，一开始当然看得出来这不是老师本人，但是当石黑浩通过遥控的方式开始说话时，大家的心情变得很复杂：到底该怎么去回应这个仿真机器人呢？而这正是石黑浩想要探究的议题，即到底人类是什么，是什么让人类之所以成为人类？

跟多数开发机器人的研究者不同的是，石黑浩真正感兴趣的是人类，而不是机器，所以他想要通过设计出跟人类相似度非常高的机器人来了解人类。机器人没有办法做到的部分，就是人类的独特性。除此之外，他认为把机器人做成人形有许多好处，其中包括让机器人更容易融入人类社会，因为在人脑当中有许多功能是用来做人脸识别的。

不过对仿真机器人的热衷并不是石黑浩的专利。日本有许多企业也在很积极地开发仿真机器人。2015年由东芝设计制作的仿真机器人“地平爱子”就曾在百货公司里担任接待小姐，吸引了许多人造访百货公司，这成为轰动一时的话题。仿真机器人是机器人领域的一支，它们除了能让人类了解自身以外，也代表着人们对即将到来的机器人社会的一种想象。

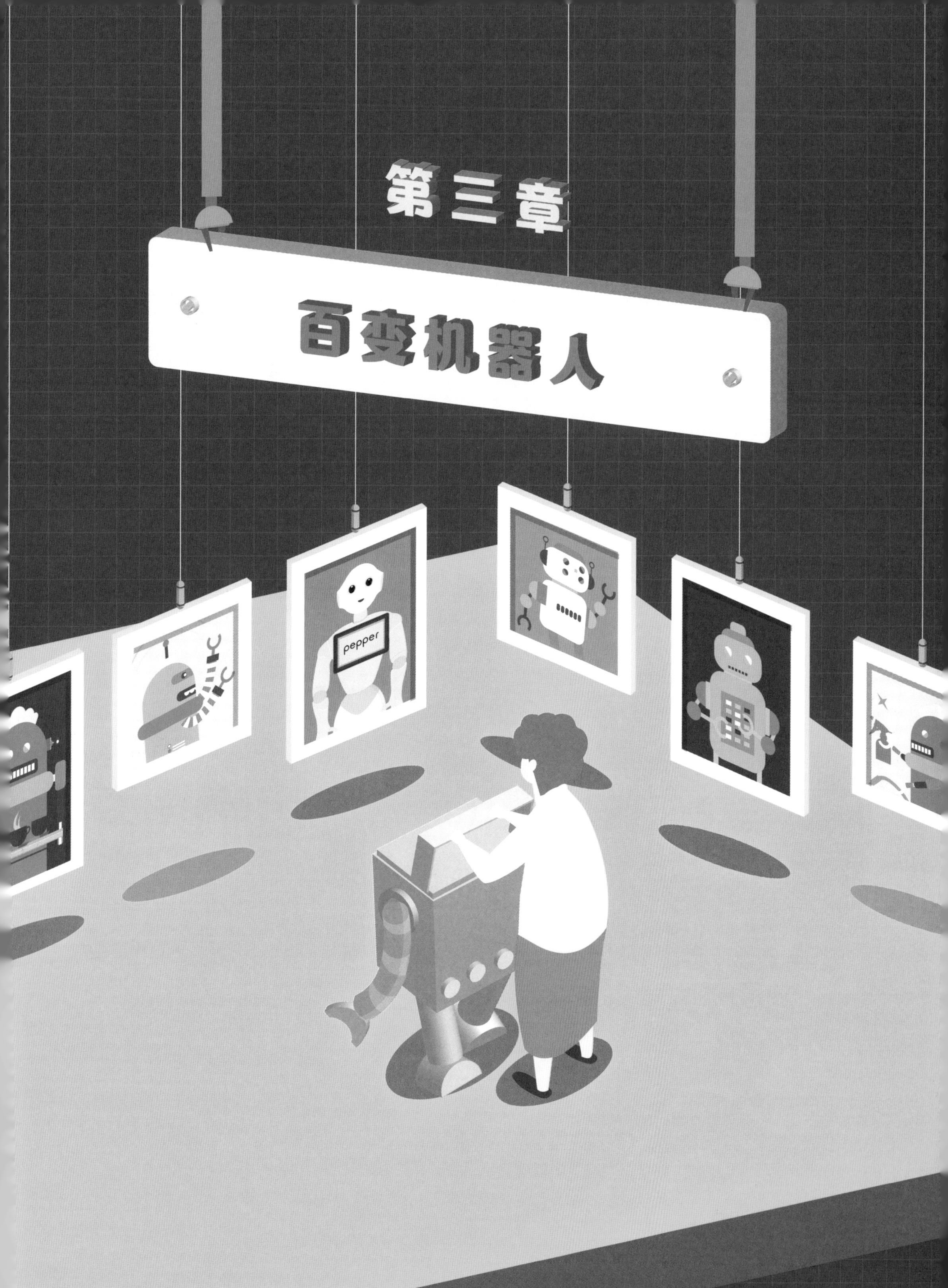

第三章
百变机器人
pepper

机器人应用——

无处不在的机器人

在餐厅吃饭时，有机器人来为你点餐、上菜；去超市买菜，有机器人跟在后面帮你提东西；回到家里，家务机器人已经把家里打扫得一尘不染；打开电视，足球赛是机器人队与人类队的对决……这样的场景，有些已经在现实生活中发生。机器人走进人类社会已经是可以预见的未来。其实，机器人还能做很多事情，远远超乎你的想象！

医疗居家好帮手

人类创造机器人的目的之一，就是服务于人类。目前已经家喻户晓的扫地机器人，其强大的扫地功能，是机器人服务于人类的典范。未来，功能更强大的家务管理机器人还可以帮人类处理更多生活上的大小事。面对老龄化社会，陪伴与照顾老人也是一个很重要的社会问题，不久的将来陪伴与照顾老人的任务就会交给机器人来代劳。未来的机器人甚至可以陪你一起运动、打球，预计在2050年可以实现的人类与机器人足球赛，这些看起来都很值得期待。

除了走进人类的日常生活，机器人在医疗上的应用也是一个备受瞩目的研究领域。机器人辅具可以帮助病人进行复健，甚至让瘫痪的病患可以行走。功能强大的机器手让截肢的残障人士像拥有双手一样行动便利，减少了他们在生活中的困难。

上山下海，挑战极限

创造机器人的另一个目的，就是让机器人去做人类没办法做到的事。而这些事情主要都受限于人类的生理机能，例如在太热、太亮、有毒的环境中，机器人的协助能为扩展人类对世界的认识创造更多可能性。比如，派一个潜水人员到海里进行维修，如果深度过深就会对人体造成伤害，这时候如果有水下机器人，再深的海底都不是问题。想对高海拔地区进行研究时，如果派出机器人，就不用担心高山多变的天气会对生命造成威胁，而且机器人没有生物的气味，不会让野生动物产生戒心，更容易就近观察。机器人甚至可以到外太空协助人类进行探测，不需要背着厚重的太空衣，也不怕有毒气体的伤害，凭借身上的装备直接记录、分析那里的自然环境。正在火星上认真工作着的“好奇号”，正是这样一个太空机器人。

除了自然环境之外，挑战人类极限的还有许多具有高危险性的灾害现场，人类难以到达。例如倒塌的大楼、烈焰燃烧的火灾现场等，这时候派出具备救灾功能的机器人，运用各种更适合的方式进入现场，凭借比人类感官更灵敏的传感器，能更快速地搜集和传递信息，准确地找到等待救援的目标。

许多机器人科技的开发正在如火如荼地展开，接下来就让我们来看看机器人在几个主要领域的应用，以及在机器人实验室中诞生了哪些特别的机器人。

模仿高手——仿生机器人

虽然人类一直是机器人研究领域最早和主要的借鉴对象，不过如果要让机器人能在各种环境中运动自如，人体的形态不一定是最好的选择，某些功能也不是最强大的，因此有一部分科学家就把眼光转向其他生物。

来自生物界的灵感

鱼可以在水中快速游动，还可以潜入很深的海底。鸟可以在天空飞翔，拍拍翅膀随时起降，可不用像飞机一样需要机场。昆虫的六只脚让它们在任何地形上都能行走，就算是在垂直的树干上也能轻松来去。没有脚的蛇靠着身体就能快速移动，其绝佳的运动能力更是令人自叹不如。自然界的生物经过很长时间的进化，个个身怀绝技，所以不管科技多发达，人类永远有许多需要向自然界学习的地方。

仿生机器人就是从生物体中寻找灵感，以机械工程的方式呈现出来，应用在机器人身上的学问。仿生机器人的研究与应用有两个阶段。

第一阶段是仿生阶段：理解想要模仿的这种生物的相关机制是怎么产生的。因为生物体是很复杂的，研究人员必须通过对生物的研究，确认生物之所以有这种机制是什么原因，整体是怎么运作的。例如我们看到豹奔跑能力很强，跑起来加速度很快，是因为豹的腿很长吗？肌肉很有力吗？还是它跑步的方式有什么特别的地方？这些都要先研究清楚，找出真正让豹能够成为短跑高手的原因，才能进入下一个阶段的研究。

第二个阶段就是工程阶段：清楚了解生物体这个机能的运作方式之后，运用工程学的方式开发出相关的系统、结构。也就是说，如果希望让机器人也可以跟豹一样拥有那么厉害的短跑能力，要怎么用机械的方式再现豹的身体机能。

生物的各种运动机制

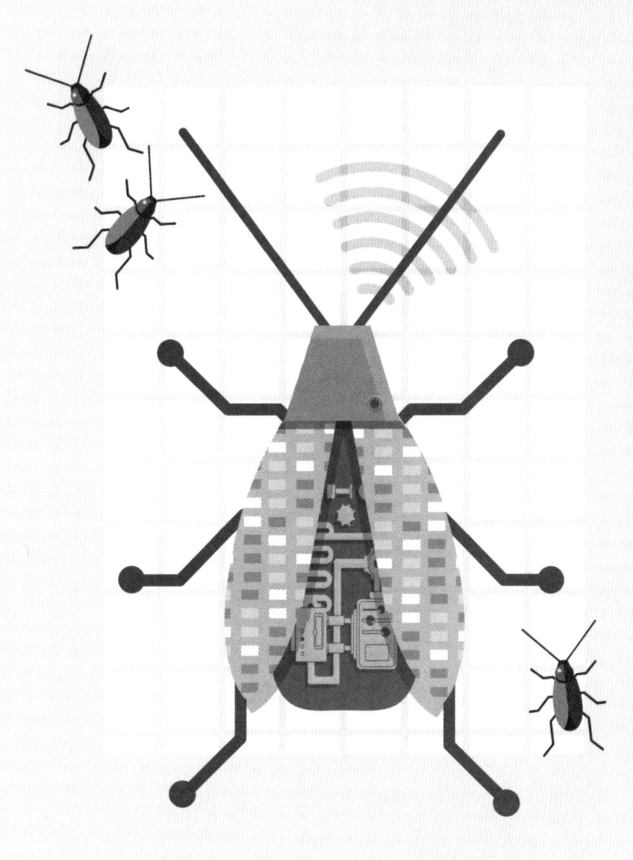

有许多仿生机器人模仿的都是生物移动的方式，并将成果应用到各种人类无法进入的极限环境中去。以陆地上为例，最常被模仿的是六足移动的昆虫。因为昆虫本身的运动机制最容易模仿：大部分昆虫的脚都是分成两组，三只脚三只脚地在运动，而三只脚站立是最稳定的。有研究者发现蟑螂可以在各种地形畅行无阻，因此研发出蟑螂机器人DASH，模仿蟑螂的行走方式可以在各种不平整的地面上高速移动。四足动物就稍难一些了，以两只脚为一组的方式运动，走的时候还是不太稳定，在平衡问题上需要多下一点功夫，但现在四足机器人也已经具备很强的移动能力了，像是美国的“大狗”（BigDog）机器人，就会爬山、爬瓦砾堆，还可以在雪地上行走，平衡力也很强，被人踢一脚也不会跌倒。

除了用脚走路之外，生物的另外一种运动机制就是扭动身体，陆地上的代表是蛇类，水中的代表是鱼类。蛇形机器人模仿蛇类关节的构造，可以顺滑地扭动身体前进，还可以在水中游泳。水中生物的运动方式也是研究人员非常感兴趣的，它们有的通过喷水产生推力，可以快速逃走，有的利用强而有力的摆尾方式移动。根据这些运动方式以及鱼类的身体构造开发出来的水下机器人，未来将在海底探勘和海底搜救的行动中扮演重要角色。

以生物为借鉴，可以研发出许多具有特殊功能的机器人。如果你将来也想要试试研发仿生机器人，建议优先选择自己不害怕的生物作为研究对象，否则怎么能好好观察它呢？

前进畅通无阻的境界：六足仿生机器人与轮足复合机器人

拥有六只脚，模仿昆虫以三只脚为一组的方式前进，称作足部的地方是一只半轮型弯曲的脚，以滚动的方式前进，不管是爬楼梯、走坡道或者是穿越崎岖不平的树根地形，这种六足仿生机器人都能顺利完成，还可以用肚子滑下斜坡，甚至会跳跃，略显可爱的姿态正是它的迷人之处。不过讲起这款仿生机器人设计灵感的来源，大概很多人都会尖叫，因为它模仿的对象竟然是蟑螂。

设计这款机器人的科学家原本就对自然、生物有兴趣。在科研工作中，通过观察蟑螂的运动模式，科学家们发现现实生活中人人喊打的蟑螂身上，实际上有很大的学问。蟑螂的运动方式是借由足部简单的交互运动，以三只脚为一组前进，完全不需要考虑到行进间的踏点，遇到崎岖地形想也不想就能径直走过去，而且速度很快，任何地形都能够穿越。这种强大的运动方式吸引了研究者的目光，为了彻底研究蟑螂足部的构造，他们甚至还帮蟑螂剃脚毛——这样做只是为了想知道脚毛对蟑螂运动的影响。研究结果证明蟑螂的脚毛确实对运动是有帮助的。通过对蟑螂运动方式的研究，科学家们才设计出这款可以应付不同地形的六足仿生机器人。

虽然机器人用脚已经可以走得很好，但是以移动的能力来说，轮子在平地上可以表现得比脚还好且更节能。脚与轮子各有长处且无法互相取代，因此科学家进一步将这两个优势结合在一起，希望让机器人在任何地形都能用最有效的方式行走，于是在这台六足机器人的基础上，又进化出了轮足复合机器人。这台四足机器人乍看之下像是一台四轮的自动车，但是当遇到崎岖路面时，轮子就会对半折叠，变成脚；遇到平路时，再自动转换回轮子。最厉害的是它可以边跑边转换。

开发六足机器人与轮足复合机器人这两台具有强大移动能力的机器人，目的是什么？科学家希望未来这两种机器人在自然与人造的环境中，遇到各种不同的地形都有办法穿越，成为强大的机器人载重平台，可完成不同的任务，搭载各种功能的传感器，例如要进行自然探勘或观察野生动物时，就可以装上摄像机、装上机械手臂，让机器人代替人类去执行任务。机器人也可以应用在救灾上，它所具备的强大运动能力，将能代替人类向未知的空间迈进。

六足仿生机器人

轮足复合机器人

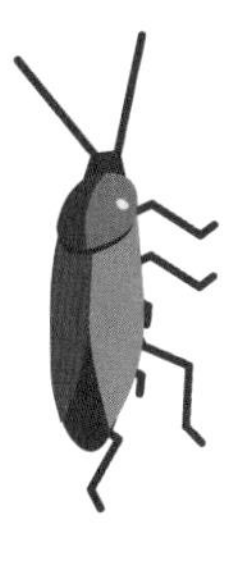

潜入未知的深海世界：仿生机械鱼与钢铁鱼

尽管科技在不断进步，但人类想要一探海底世界仍然是非常大的挑战：海洋的水流让人捉摸不定，深海里黑暗、冰冷与高压的环境，也都是水下工作难以克服的问题。传统的方法是由潜水人员来进行水下作业，不过人体在水中有下潜的极限，这时候就需要水下机器人出场啦。

一般而言，水下机器人大致可分成两种：一种是“遥控式水下机器人（Remotely operated Vehicles, ROV）”。机器人本身通过缆线与海面上的船只联系，由船只提供电力并且遥控机器人，机器人再将收集到的信息通过缆线传回船上，人类是主要操控者，这样的机器人不怕没电，而且可以像机械手臂一样负荷很重的工具，所以它们多数应用在工业用途上。另一种是“自主式水下机器人（Autonomous Underwater Vehicles, AUV）”，其中也包含了“自主式水下滑翔机（autonomous underwater glider, AUG）”。这两种水下机器人都没有缆绳系缚，而靠电池来维持电力，靠传感器与人工智能自主在水中执行任务，以声呐、光学等方式跟岸上保持通信，进行定位并且传递信息。自主式水下机器人可以巡游的范围很大，还可以定点停驻进行观察，机动性很高，不过相对而言风险也很大，一旦通信系统发生故障，就可能会遗失了。

以下两个可爱的自主式水下机器人“Nemo”与“Iron Fish”。外表长得像可爱小丑鱼的Nemo，其主要功能是在海科馆中与观众进行互动，是

水中的服务型机器人。Nemo的身体构造模仿鱼身，采用仿鱼鳔构造进行浮力控制，它的移动全部仰赖硅胶制、可弹性摆动的尾鳍，带着它完成前后、左右、上下六个自由度的动作，要利用单个尾鳍来完成机器人的所有运动方式，非常不容易，这个部分的研发也让科学家着实花了很多心思。另外，在研发Nemo的过程中，由于这款机器人是要放置在海科馆的鱼缸中，在一个由玻璃环绕的固定范围内巡游，这也考验了团队的技术。因为机器人在水中靠着图像处理与传感器来判断环境，当环境太过复杂，图像处理如果不够快就会产生问题，而鱼缸的透明玻璃也会给机器人的判断造成障碍，它们一不小心就会撞上玻璃。最后科学家们想出在Nemo的鼻子、身体与尾巴上装上压力计，通过侦测水压的方式，让Nemo可以贴着鱼缸游，也可以顺利避开水中的障碍物。

而拥有纯白色机身，眼睛部分有黑色半透明眼罩的Iron Fish，则利用尾鳍的螺旋桨来控制前进与转弯，搭配胸鳍的升降动作，可以高速回旋、下潜，移动非常迅捷。Iron Fish原本是利用声呐技术来跟岸上进行通信联系的，现在则开发出速度更快的光学通信系统，在水底的两条鱼可以运用激光以及鱼身上的光传感器互相传递信息，研究人员也可以通过激光跟机器鱼进行通信，将所侦测到的信息传回岸上。

不过，要研发水下机器人并不容易，因为在水中的物体会受到流体力学、水压、水流等等复杂因素的影响，实验测试还必须要看老天的脸色，气象不佳就无法测试，因此研发进度会受到影响。另外，机器人的防水要做到非常严密，否则一旦机器人进水，设备会全毁了。在海中游动的机器鱼还可能遇到令人意想不到的危机，那就是会遭遇到大鱼的袭击，机器人被咬的情况也时有发生。还好它们为了负荷水压，都配备有非常坚固的外壳，才不至于被咬坏。

尽管水下机器人的研发困难重重，科学家们仍乐此不疲，制作出一款像鱼一样可以永远待在水中而不用上岸的水下机器人，是他们未来最大的梦想。

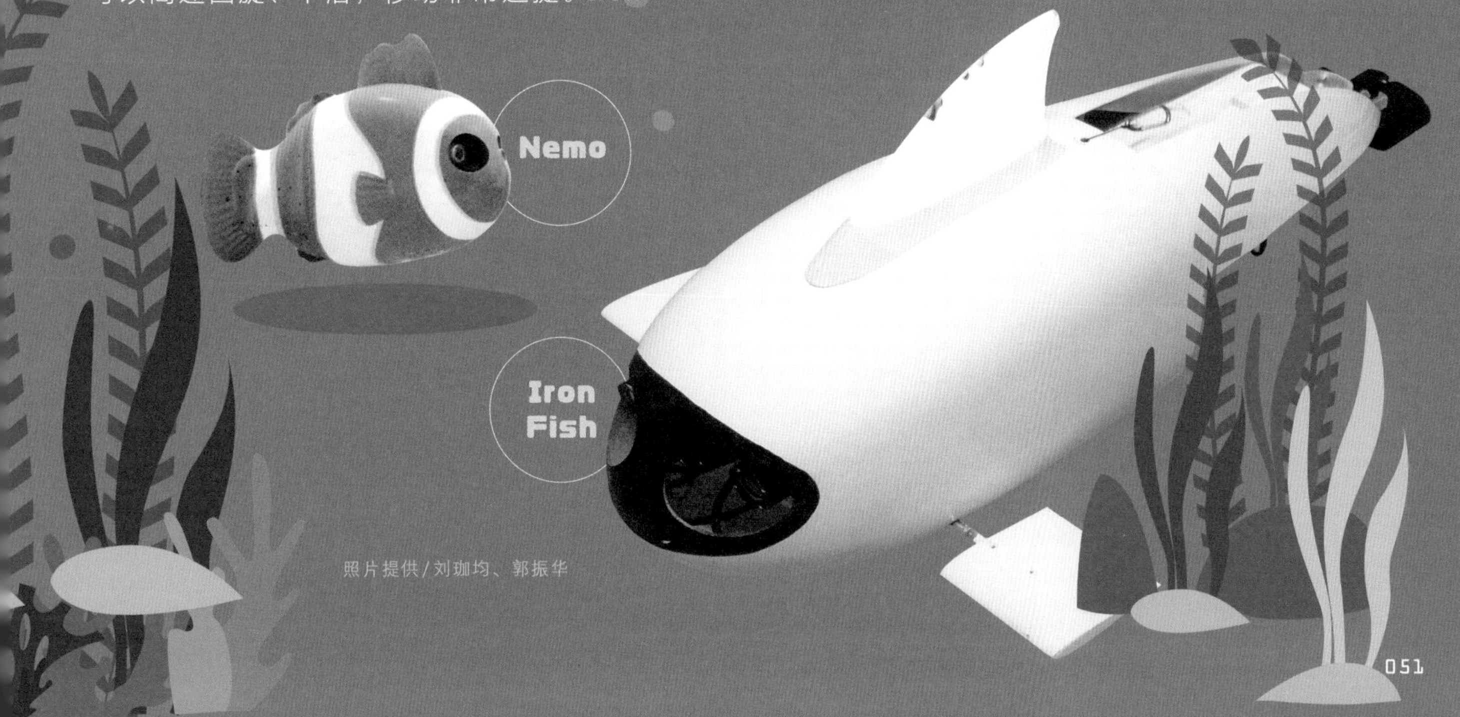

照片提供/刘珈均、郭振华

让我为您服务——服务型机器人

服务型机器人是机器人研究最受瞩目的领域之一，也是很早就开始进入人类社会的一类机器人，商用与家用的服务型机器人现在已经可以量产，看来人们对和机器人共同生活充满期待。

专为服务于人类而开发的机器人

到机关场所办事，如果出来接待的是机器人，那感觉一定超级酷！这款ASIMO服务型机器人，正是为了可以在办公室等较为稳定的室内环境中进行轻巧作业而研发的机器人，所以它身上的每一处设计都是为了能够完成办公室里的工作所设。为了接待来访的客人，ASIMO可以借由辨识系统得知客人的身份，将他们引导至接待室等候。等待期间，ASIMO会拿着专用托盘奉茶，为了保证茶不会溢出来，ASIMO被特别设计在行走时会根据身体的重心调整手腕的角度，如果感觉托盘有倾斜的现象，它会立刻停下来。抵达客人面前时，ASIMO会侦测桌面高度，然后让膝盖弯曲，一边轻轻地把饮料放在桌子上——这个力道当然也是经过设计的。除了奉茶之外，ASIMO还会为来访的客人带路，甚至牵着客人的手一起散步也都不是问题。除了接待客人之外，ASIMO还可以担任导游，它会唱歌，会跟观众互动，功能非常强大。

不过，ASIMO的造价非常昂贵，所以目前还没有办法真正走进人们的日常生活中。但从ASIMO的功能设计来看，不难发现，服务型机器人最重要的研发方向是以适应人类生活环境为主。

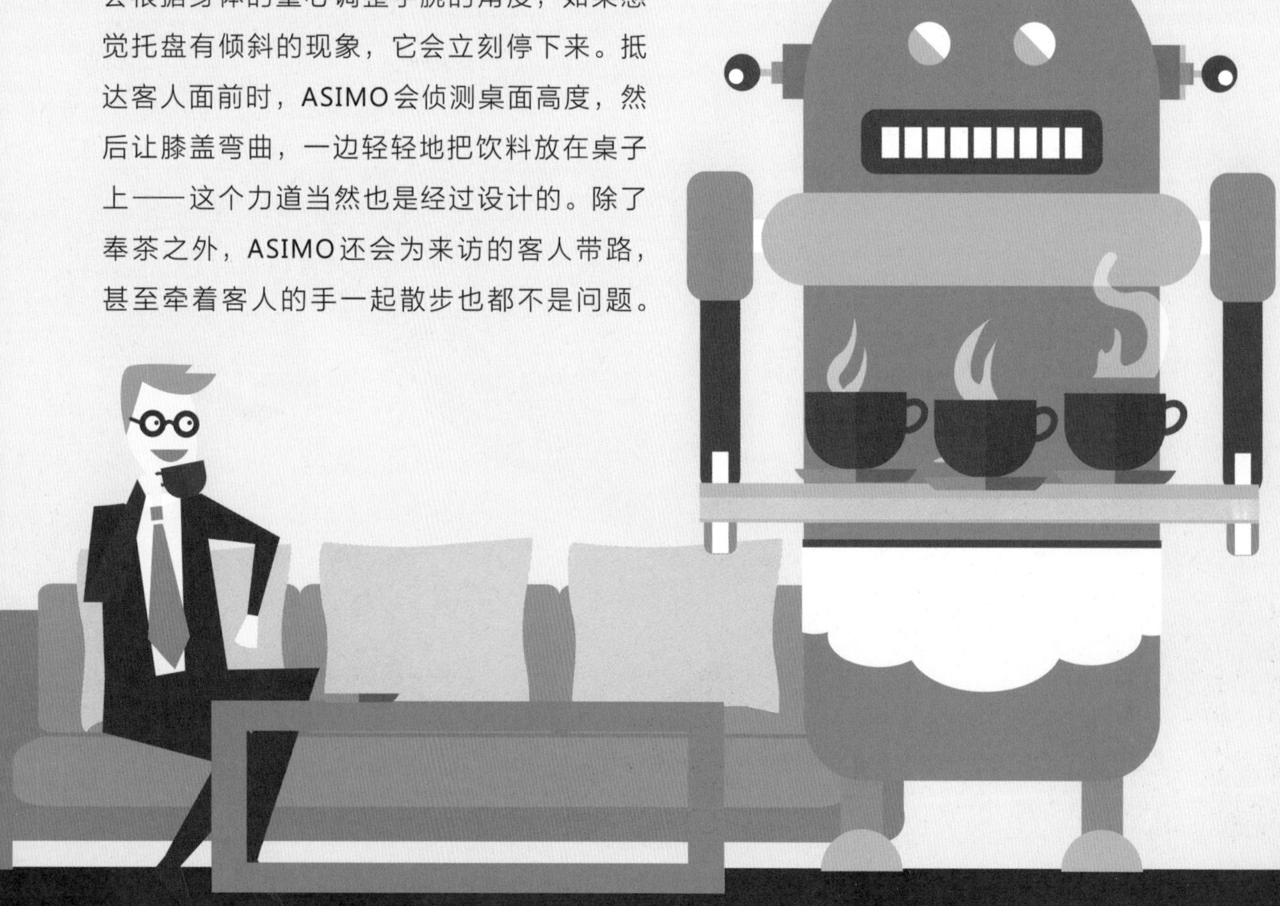

从做家务到生活陪伴

让机器人进入家庭、成为生活的良伴也是一个备受关注的话题。特别是未来社会有可能朝老龄化与少子化方向发展，能开发出家务好帮手的机器人就变得很重要。人类一下达指令，机器人就会到特定的地方去拿特定的东西，会帮忙收拾家里，甚至可以跟着出门去采购……这样的机器人已经在实验室中诞生，虽然距离理想的样子还有很大一段距离，但相信在不久的将来以上的愿望一定可以实现。

居家机器人除了服务之外，还有一个重要的功能是陪伴。身为家中的一分子，能够跟大家一起互动、谈天说地也是机器人要进入人类社会必须具备的重要能力。这方面许多机器人都已经可以做到，Pepper就是这样一款机器人。它有着圆圆的大眼睛和洁白的身躯，一双具有触感的手以及一副轮形脚，号称是拥有感情的机器人，会唱歌，会聊天，会察觉人类的表情变化，并且能表达自己的情绪，还可以成为小朋友的老师，教授九九乘法等基本知识。

看来，肩负着人类各种期待的居家服务型机器人必须具备十八般武艺。随着社会与生活形态的改变，相信它们的功能也会越来越多元，成为最忙碌的机器人。

跟随机器人小跟班

逛街的时候有人可以帮你提东西；出国的时候沉重的行李箱能够跟着走，不必自己用手提；到图书馆去找书，椅子会自动跟随，走累了就可以坐下来……那样的生活真是太方便了。现在，这样的梦想机器人能帮你完成。

小跟班机器人，是一种靠轮子移动的机器人，最棒的功能在于它会跟着人走，走到哪儿跟到哪儿，使用者身上只要配戴会发射红外线的传感器，安装在小跟班身上的传感器会主动接收红外线，就能知道使用者所在的位置，并且跟对方保持合适的距离，尽量跟随。不过，如果街上同时有很多小跟班时，会不会有跟错主人的乌龙事件？这点倒是不用担心，聪明的小跟班目前采用的是配对的方式跟随，身上的传感器与使用者身上的发射器频率是经过配对的，所以就算同时有许多小跟班，也不会跟错人。小跟班机器人身上还会通过加装摄像机的方式，通过辨识人的运动特征来锁定跟随者，使用者连传感器都不用携带，小跟班一样可以找到主人，更加便利。

小跟班机器人在跟随主人的同时，还会自动辨别周遭环境，主动避开障碍物，不必担心会被卡住或者绊倒，在各种场所中都能发挥作用。未来超市的菜篮车可以不用自己动手推，有小跟班陪你逛，想买的东西通通放在小跟班身上，它就会一直跟着你到收银台。常见的高尔夫球场装载球具的车子，也能改由小跟班来代劳。甚至医院的医生护士巡查病房时总是要推着一台又大又重的车子，如果把它换成一个机器人小跟班，就能减轻护理人员许多负担。总之，所有需要拖着东西的场合，都是小跟班大展身手的地方，尤其在老龄化社会来临之际，协助长辈提重物，甚至通过跟随降低长辈走失的风险等等，都是小跟班机器人可能发展的方向。

跟随机器人小跟班

照片提供/林沛群

全人形机器人 NINO

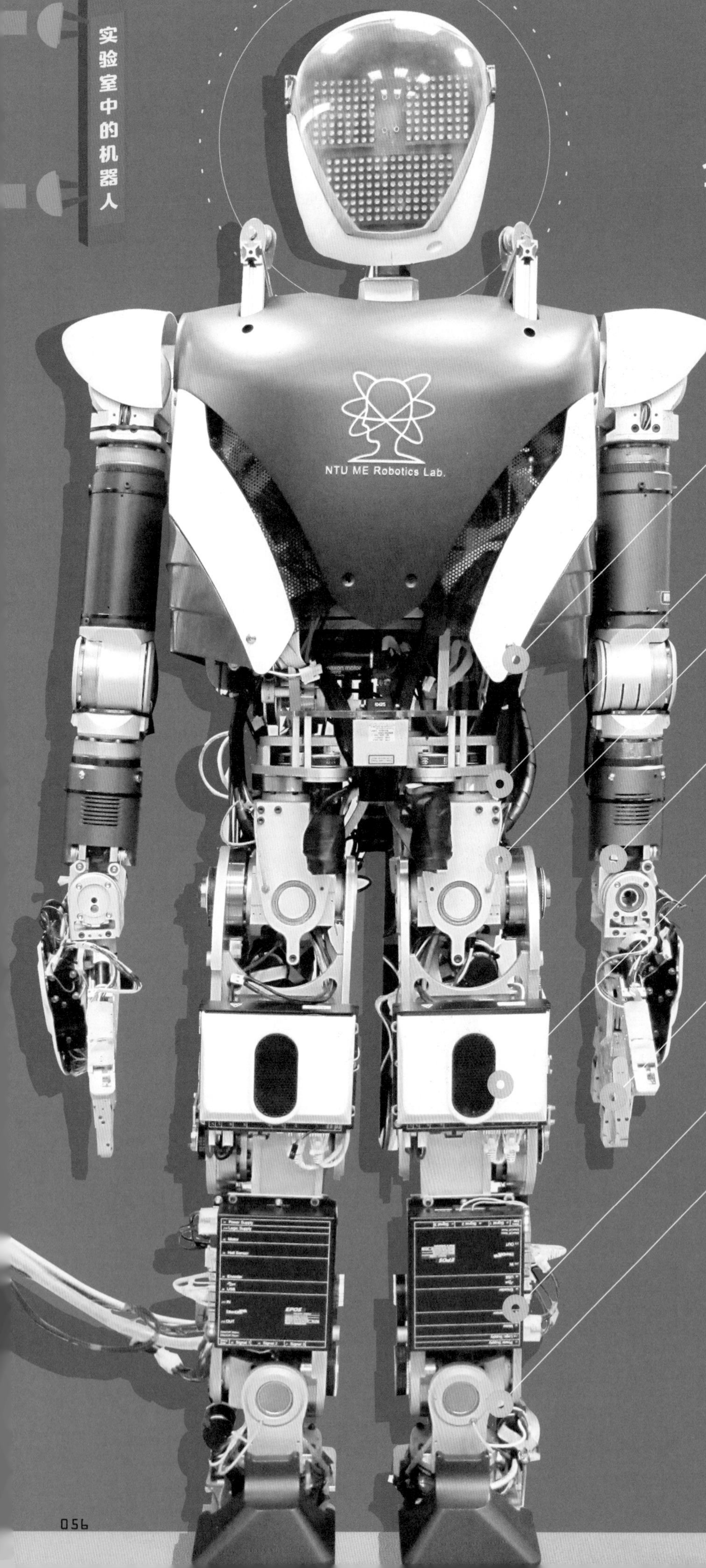

- 112个传感器及电源管理系统
- 体重68千克
- 52个主动自由度
- 手臂有6个自由度
- 身高145厘米
- 具备语音系统与手语系统
- 铝合金打造
- 脚有6个自由度

NTU ME Robotics Lab.

照片提供/黄汉邦

尼诺NINO是全世界第一台能表演手语的全人形机器人。所谓的全人形机器人就是模仿人体设计出来的机器人，又称为仿生人形机器人。如前面所说，机器人光是要站起来，稳定地走路就很不容易，全人形机器人不光要做到可以用双脚稳定地行走，全身的平衡以及手的操作也是重点。

NINO身高145厘米，重68千克，全身由铝合金打造，有一双稳定的脚，可以跟人一样行走，转弯、前进、后退、走斜坡、上下楼梯等都不是问题。此外，尼诺具有语音功能，会说话，还会眨眼睛，跟人互动时非常可爱。最特别的是尼诺拥有一双非常灵活的手，能够挥手、提重物、推车，而手指则是最吸引人的地方，具有很高的自由度，会灵巧地弯曲手指比手语。只要操作者输入手语，或者通过语音输入，尼诺就能打出手语回应。未来的NINO甚至有可能一看到对方打手语，就可以立刻做出手语回应。

NINO之所以能够完成这些高难度的动作，是因为它的身上配有高科技设备；全身拥有52个主动自由度，并配置了112个传感器及电源管理系统；每一只脚有6个自由度，脚踝装设力量传感器，让NINO在走路的时候能将接触地面的情况传给控制器，再由控制器来控制它的步态，让它走得更稳健。NINO的每只手臂也具有6个自由度，所以能做出接近人类的动作。它的手掌也有很高的自由度，能够灵活地比手语、拿东西。另外，NINO配置了语音系统，所以它可以做自我介绍，跟人互动，亲和力十足。

尼诺的工作范围主要以服务为主，像是导览，同时具备语音系统与手语系统的NINO，可以肩负起为听障人士导览的重任。而尼诺身上所体现的各种研究成果，也都能够单独再开发利用，例如它那设计得非常精细的手臂与手掌，就能应用在开发义肢的技术上，造福残障朋友。

还有一种身怀绝技的“全自动智能型导览机器人”，它最特别的本领是会自动建立周遭环境的2D、3D地图，规划路线，带领观众参观，用身上配置的语音系统进行中英文导览。它还有八种情绪表情可以跟观众互动，亲和力十足，很受欢迎。

让你行动自如——行动辅助机器人

还记得电影《钢铁侠》里的主角史塔克吗？只要套上钢铁装，他瞬间就从凡人变成超级英雄，拥有超能力，甚至还能飞上天，并具有强大的火力能对抗歹徒。这样可以穿在身上让人的某些能力变强的机器人，可不只存在于电影中！

一秒变成大力士

穿戴式机器人顾名思义就是可以穿戴在身上的机器人，听起来真的好酷。这样的机器人早在20世纪60年代就已经备受研究者的瞩目，人们投入了许多心血进行研发，现在已经有了很不错的成果。穿戴式机器人主要是利用外在动力来辅助人类运动，或者提升人类的力量，超越人体极限。根据不同的需要，穿戴式机器人可以单独穿在手臂上或者下肢上。它们的应用层面广泛，例如：工人或者需要搬动病人的看护等如果穿上了机器人装，马上就能力大无穷，借机器人的协助轻易举起重物；需要常常抱小孩的妈妈或者老年人都可以借机器人装的协助，更省力地生活。这样的科技也可以应用在军警身上，未来灾难中的搜救人员可以借机器人装跑得更快、跳得更高，甚至抬起比自己重十几倍的物品，从而更及时地抢救生命。

让人行动自由的机器人

不过，穿戴式机器人最珍贵的应用，是在协助复健或者肌力不足的患者，让他们能克服身体的障碍，重新获得自主生活能力等方面。目前在复健这个领域，研究人员陆续开发出了许多相关的功能，例如搭配跑步机的下肢复健系统。有的下肢穿戴式机器人甚至可以让因脊椎受伤而半身瘫痪的人重新站起来行走。

穿戴式机器人由于是穿戴在人身上的，因此设计上要以人体为参照，穿戴在适当的地方，不能妨碍穿戴者的动作，或给人带来疼痛。另外一个重点是安全性，特别在复健使用时，由于穿戴者的肢体没有感觉，因此安全性更加重要。机器人身上会装设许多传感器，以避免太猛烈的碰撞或者使用时造成使用者的姿势不良等情况，否则反而会给使用者造成伤害。

行动辅具，安全第一

伴随着老龄化社会的来临，更多研究者开始关注老年人的生活所需，特别针对行动不便的老年人开发适合他们的行动辅助机器人，还会针对身心障碍者开发辅助机器人，例如针对视障人士设计的导盲机器人。这类研究行动辅助机器人的重要课题也多围绕安全性与使用的便利性展开。通过这些研究者的努力，借着机器人的协助，未来行动不便的人将有机会重新获得行动的自由，生活也会因此而变得更加便利。

让人重新站起来的钢铁装：轻量型行动辅助机器人

一个年轻的医生，因为一场滑雪意外，脊髓受伤；一个重机摩托车爱好者，因为一次车祸意外下半身瘫痪。这两个被医生宣判这辈子不可能再站起来的人，却因为机器人科技，人生有了新的转机。

根据统计，中国大约有500多万名脊髓受伤的患者，而且每年大约新增5万至7万位患者。这些人大多数都很年轻，受伤年龄主要集中在20—36岁。过去，脊髓受伤的患者中有很高比例的人，一辈子只能坐在轮椅上，如果要靠着辅具站起来，双手必须要非常用力支撑才有可能，时间一长容易造成双手累积性伤害。如果他们想进一步行走的话，由于下半身已经没有知觉，也无法控制，所以只能靠身体很用力地甩动双脚，才能勉强前进。不能站起来，除了会使这些患者行动不便外，还会给他们带来其他的健康问题，比如双脚肌肉萎缩、骨质疏松，甚至出现内脏位移、代谢功能障碍等问题。所以能够轻松地站起来，甚至走路，是所有脊髓受伤患者最大的心愿。

行动辅助机器人看似功能相对单一、简单，实际开发起来却并非易事。比如图中这套，由于研究团队原本从事服务型机器人开发，团队中的成员本就具备研发机器人的技术，所以第一代产品开发得很顺利，只花了五个月的时间就完成了。不过实际上场测试时才发现有很多需要改进的地方，其中最主要的原因在于，尽管看了很多资料，团队对患者的了解还是不够深入。通过患者实际使用后反馈的信息，团队又跟复健科医师合作，不断改良，最后才开发出这套“轻量型行动辅助机器人”。

这套机器人包含电池与控制器，总重量是二十千克，比第一代开发的机器人重量少了七千克。也许听到二十千克，一般人还是会觉得很重，不过由于机器人会自己施力，

照片提供/台湾工业研究机构

因此对患者来说负担并不大。机器人整体厚度也从10厘米变成7厘米。穿戴时整个机器人利用束带绑在伤者的身上，穿脱简单，不需要他人帮忙，便利性很高。

曾有伤者形容没有知觉的下半身就像果冻一样，即使双手很用力地在支撑，无力的下肢仍然会下坠。过去的患者都是靠传统辅具把双脚固定，才能勉强站立。而这款行动辅助机器人在髋关节与膝关节都装设了马达，通过把机器人穿在下肢上，可以达到传统辅具固定身体的效果，患者还可以站得更稳。

使用的时候搭配两根手杖，一方面能帮助保持平衡，增加安全性；另一方面，操控器就装设在手杖上。当按下“站立”的按钮时，患者不再需要用双手很费力地支撑，安装在髋关节的马达就会施力让他们站起来。接着，按下“走路”的按钮，控制器就会依照事先输入的步态、速度，让机器人借由髋关节与膝关节两个地方的马达，支撑并且带动伤者没有知觉的双腿向前走。

穿戴的环节安全性是最重要的，伤者在穿戴前必须先量血压。因为久坐轮椅，如果要站起来必须血压平稳，否则容易引起头晕。也要测试双腿的张力，判断患者是否处在适合穿戴的体能状态，一切条件符合之后，才能使用机器人。

这套轻便、容易操作的行动辅具，实现了脊髓受伤患者重新站起来的愿望，通过机器人科技，让身体受到严重伤害的人也能够获得自由与自主的生活。这套行动辅具机器人也受到了国际瞩目，就连机器人大国日本都相当赞赏。目前这项技术已被推广到日本医院，帮助国外患者，让研究开发者的友善初心通过量产与降低成本，改变更多伤者的人生。

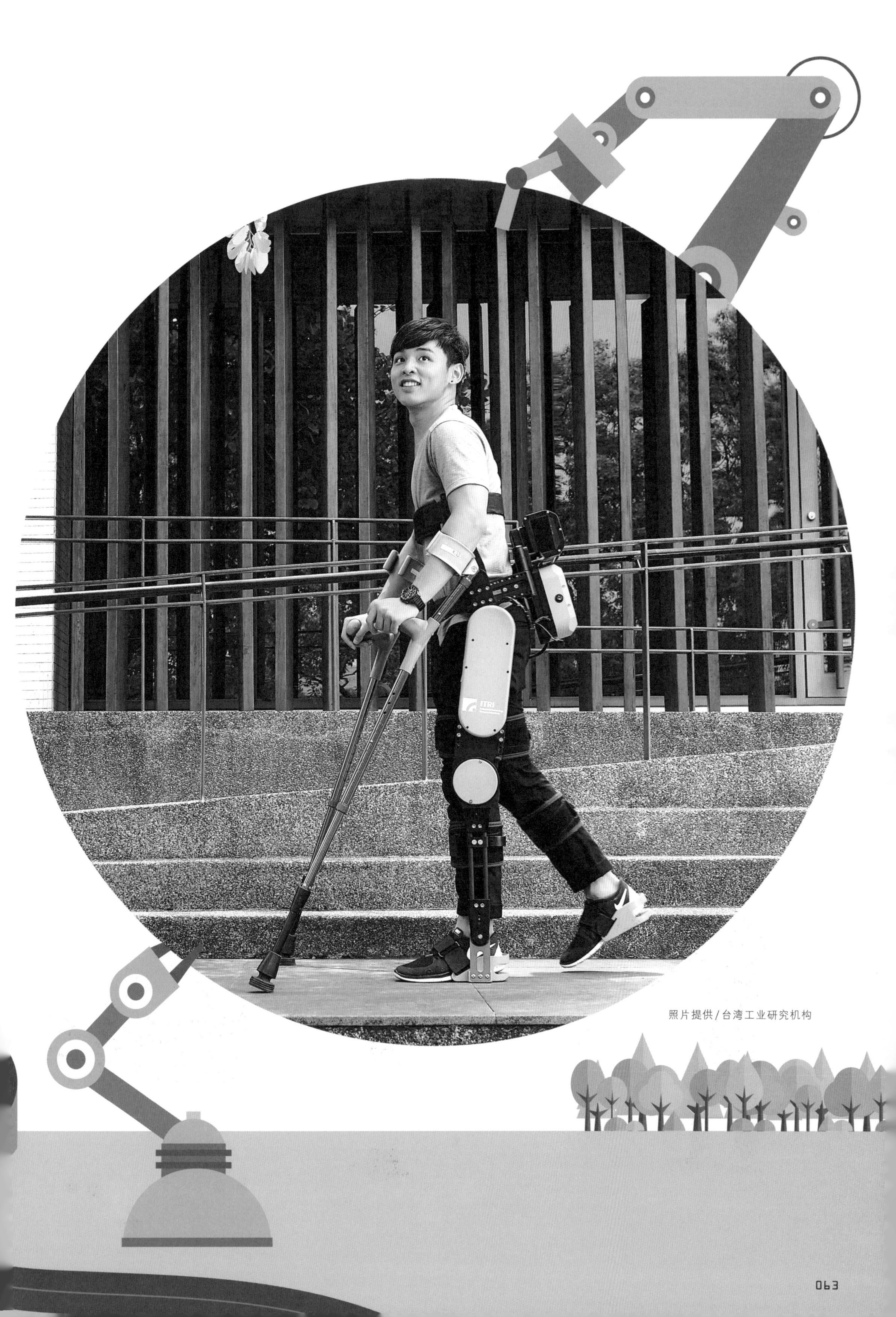

照片提供/台湾工业研究机构

让爷爷奶奶行动自如：智能型被动式行动辅助机器人

你是否曾经注意到路上年迈的爷爷奶奶走起路来有点辛苦，有些还必须要靠拐杖来辅助。其实当年纪越来越大时，四肢的骨骼会出现老化、疏松、无力的问题，这也就是为什么老人家经常会骨头酸痛，而且由于这些症状主要都发生在足部，让他们有时甚至没有办法顺利行走，还很容易跌倒。为了能行动顺利，老年人通常会使用行动辅具来帮忙。最常见的传统辅具有拐杖、轮椅以及四脚支架。拄着拐杖虽然可以帮助行走，不过拐杖也会有平衡的问题，一不小心就可能会让使用者跌倒。四脚支架虽然比较稳定，但使用时要反复举起、放下，并不是很便利。轮椅是比较稳定的辅具，不过如果还有行走能力的人持续坐轮椅，会造成依赖，双脚很快就会失去活动力。

面对人口老龄化的趋势，许多研发者也开始关注银发族行动辅具的开发，希望让机器人来帮助年长者解决行动不便的问题。目前较多的行动辅具机器人都是主动式的，借由马达控制，虽然使用很方便，却隐藏着失控的危险。特别对于老年人，一旦辅具失控就可能会给他们造成更严重的伤害。

这款“i-Go智能型被动式行动辅助机器人”，就试图要降低这样的危险性。与其他主动式机器人不同的地方在于，这款机器人以刹车器控制机器人行动，使用者要用力推动机器人才会前进，所以称之为被动式。

这款外表长得像一台小推车的机器人，身上装设了各种传感器，能够侦测到用户的指令，并且针对外在环境的变化做出反应。例如可以通过力传感器测量使用者双手的施力，来判断使用者的行动意图；以视觉传感器来侦测障碍物并进行闪避；以倾斜仪估测斜坡的倾斜程度来防止下滑；最特别的是能够侦测到使用者身体的角度，从而判断使用者运动的方向，非常聪明。而跟其他主动式机器人不同的地方在于：这款机器人身上同时装有马达和刹车，通过马达的运转可以应付上坡；但在平滑路面等地，为了防止马达施力太大造成失控，则使用刹车器。使用者需花较大的力气来推它才会前进，但也因为这样使用者对机器人的掌控度比较高，安全性也因此大大提高。更重要的是患者还能借由施力来运动筋骨，不会因为过于依赖行动辅具而失去行动力。

目前这款机器人已经进行了各种测试，希望在不久的将来可以让更多的年长者使用，让爷爷奶奶也可以行动自如，便利生活。

一起来协作——工业机器人

1959年，第一款工业用机器人研发成功，两年后，这款机械手臂正式走进工厂，开启了机器人参与工业生产的篇章。随着科技的发展，工业用机器人越来越成熟灵巧。

围栏中的工作者

从最早使用工业机器人的产业之一汽车业，就可以了解机器人在工厂里扮演的角色：特定的厂区里，几台机械手臂上上下下、来来回回地对着汽车外壳卖力喷漆；伴随着大量火花喷出，手部接着焊枪的焊接机器人，这里点点、那里点点地焊接着零件。那时候，机器人就像狮子般被关在特定的厂区里，跟人类少有接触，代替人类从事这些高危险性的工作。之后，各种工业机器人陆续被开发出来，力大无比的机器人甚至可以把整台汽车在工作台上抬来抬去，几种不同功能的机器人同时运作，完成工作完全不假人类之手……顶多需要围栏外面的工程师们负责遥控工作。

工厂里的机器人，工作效率高又不吵不闹，为什么需要被限制在特定围栏中？主要是为了安全，因为传统的工业机器人大部分都是粗壮有力的多轴单臂或双臂机器人，工作起来非常威武有力，如果人类在厂区里靠得太近，一不小心就很容易被击中。机器人操作有时也会有误差，万一遇到零件掉落，也会造成伤害。就算是在已经有许多安全规范、安全围栏隔离的情况下，每一年被机器人夹住、卷住甚至电到的人还是不少。提升工作的安全性，是每个自动化厂区不断追求的目标。

人机协作，机器人变同事

当电子产业兴起以后，需要大量人工的生产线，对机器人的需求便大大增加，但电子产业中组装的工作可不是传统的机器人可以来帮忙的。于是，研发具有精巧手部功能、能够做细活的机器人，成为最新趋势。人们不再需要把机器人关在特定区域里做事，而是让它们走到生产线上，跟人类变成相邻的好同事。

所以，工业机器人的形态也越来越多元，不只是会协助装配，还能通过视觉的进化，帮助人类更精准地拣选产品。比如有一台凤梨酥机器人，就能通过机器人的视觉辨识，挑拣出凤梨酥馅的杂质，让制作出来的凤梨酥更卫生更好吃。机器人也能在宽阔的场地中协助搬运很重的材料，只要规划好路线就能顺利将材料送达，它们甚至还会自己搭电梯，让过去需要将材料搬运到一定地方再组装的工人，可以减去这段费力的工作，专心执行后端的流程，提高生产效率。现在，已经有越来越多的机器人进入工作场地，未来将会朝一个完全电脑化、数字化与智慧化的新型智能工业世界发展，而机器人以及人工智能将会如何改变人类的工业样貌？非常值得期待。

机器人的手（机械手臂）、眼（检测系统）、脚（无人搬运车）、大脑（控制器）等各部位在工业生产线上的应用示意图。各部位互相搭配，执行任务更精准，还可以跟人协同工作。

照片提供/台湾工业研究机构

职场上的新同事：安全型触觉机器人

随着人类科技与工业的发展，各行业对机器人的始祖——工业机器人的需求越来越高，对于机器人功能的期待也跟以往大大不同。原本关在围栏中工作的机器人，现在要走出来，跟人类同事一起工作，人机协作成为未来的趋势。特别是在生产线很复杂的电子3C产业，由于需要很高的精密度，通过机器人来执行，可以做得更精准。目前在一些工业的生产线上，已经可以用不同功能的机械手臂来完成一连串的组装工作。

注：3C产业指结合电脑（Computer）、通信（Communication）和消费性电子（Consumer Electronic）三大产品领域的新兴科技产业。

安全型触觉机器人

科研人员与安全型触觉机器人合影

照片提供/台湾工业研究机构

你可能会问，这样一来，人类不就失业了吗？其实，目前工业机器人虽然可以取代一部分的人类的工作，但是仍然需要人类来操作与管理这些机械手臂，机器人加入之后，人类的角色从工作者变成管理者，与机器人站在同一条生产线上，互相协助进行生产。如果机器人离开围栏跟人类同处于一个场合中，那么那些工作中与人类近距离接触的机器人的安全性就变得更加重要。通常容易发生的危险状况是，人在工作中不小心触碰到机器人，这时可能就会发生事故。

为了让机器人的感测更灵敏，人机协作更安全，研究人员开发了“安全型触觉机器人”。这款机器人外形看起来跟其他机械手臂没什么不同，但多了一层蓝色的皮肤。之所以称这款机器人为安全型触觉机器人，秘密就在这层蓝色的皮肤里——这可不是简单的涂料或者外皮，这片厚度小于3mm、轻薄、可弯曲的外皮，里头布满了密密麻麻的感测组件，安装的密度非常高，每小于10mm的距离就有一个传感器，传感器通过机器人的通信设备，把接收到的信息传递给控制器——也就是机器人的大脑，控制器就会做出判断，然后采取应对措施。

所以，当人与机器人站在同一条生产线时，在一定的距离之外，机器人会正常运作；但是当人太过靠近时，机器人就会闪烁黄灯警告，并且把运转速度降低到60%；如果人再靠近，机器人就会闪红灯，并且速度会降至10%；最后当人不小心碰到机器人，哪怕只有一根手指触碰到，机器人就会完全停下。而传统的机器人需要大面积的碰撞，例如用手臂去碰机器才会停止。相比之下，这款机器人更能保障工作中人类的安全。最厉害的是，这层触觉皮肤可以用来包覆在不同的机器人身上，只要装上了这个模组，就能变成安全型触觉机器人，对想要改造传统机械手臂的工厂来说，可以大大降低成本。

高敏锐触觉感知穿戴式辅具

上篇讲的工业机器人使用的触觉皮肤，不仅可以在工业机器人身上使用，还可以应用在其他地方。比如专门为手抖的长辈或者患有原发性颤抖症（Essential Tremor）的患者开发的“高敏锐触觉感知穿戴式辅具”，就运用了同样的触觉感知技术。

原发性颤抖症是一种平常不容易被察觉的疾病，患者会在执行某些动作，例如拿水杯、拿笔写字时，手部开始颤抖且无法控制。随着年纪的增长，发病的状况会越来越明显，造成生活上的不便。而老人家，尤其罹患帕金森综合症者，手部也会产生无法控制的抖动，严重影响日常生活。

高敏锐触觉感知穿戴式辅具就是用来协助改善手抖的机器人。这款辅具内部配置的蓝色触觉贴片，它能侦测手部肌肉的变化，做出控制手部的反应，让患者不再手抖。把这个触觉贴片放大来看，内部是呈现海绵状的上下两个感测层，当肌肉施力时，两个感测层的距离变小，流经的电阻会变大。机器人测量到电流的变化，就会做出相应的动作来控制手臂的活动。这个感测层非常灵敏，可以感受到256种压力程度，而且感觉的空间范围只有1mm，也就是说非常非常轻微的触碰它都能感觉到，甚至超越人类皮肤的极限。手抖症的患者只要戴上这款辅具，症状可以得到大大的改善，喝水时不再抖得满地都是，签名写字也都能顺利完成。因为充满创意与实用性，这款机器人更获得了2015年全球百大科技奖（2015 R&D 100 Awards）。

从上面的触觉元件应用，我们可以看到机器人科技的发展，同一项技术能应用在不同的方向上，可以促进工业的发展，也能解决人类生活中的困扰。这些机器人研发团队本着以人为本的理念，不断地发挥想象力与创造力。未来的机器人将会在各方面协助人类，朝向更便利与无障碍的未来迈进。

照片提供/台湾工业研究机构

高敏锐触觉感知穿载式辅具

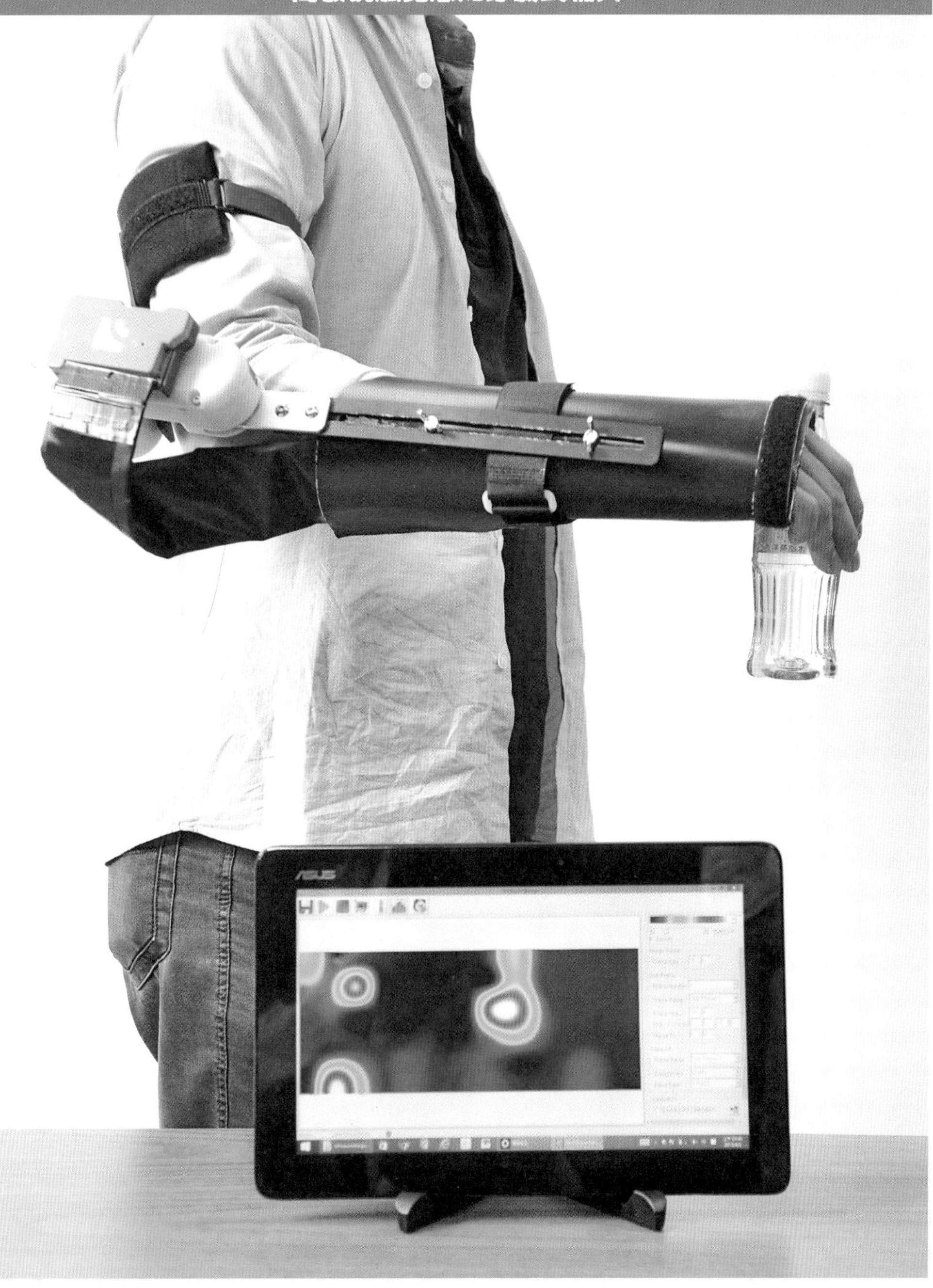

照片提供/台湾工业研究机构

即刻救援——救灾机器人

安心安稳地生活着是每个人心中最大的渴望，可是灾害总是在不可预期的时候发生。自然与人为灾害都会带来令人不安的损害，该如何降低灾害的影响，迅速在复杂的灾害环境中救出受困者，是今后救灾机器人最重要的使命。

进入人类无法涉足的灾害现场

日本“3·11”大地震引发了强烈的海啸，侵袭了福岛核电站，严重的核灾造成了大量的核辐射外泄。充满核辐射的环境对人体会造成很大的伤害。为了防止灾害扩大，进入灾害现场控制灾情又是不得不采取的行动，因此各种救灾机器人被派出前往灾区：有所谓的红色机器人，负责侦测受损反应炉的辐射指数；黄色机器人，采集辐射尘样本并监测易燃气体。其他国家也援助了许多救灾机器人，有的可以侦测辐射，有的可以铲土和挖墙，有的可以爬墙。有了这些机器人的协助，人们可以更加了解无法抵达的灾害现场的情况，通过它们回传的数据，救援人员才能判断灾害的严重程度，以及该采取什么样的应变措施。

救灾机器人的研发目的，就是为了在灾害发生时，可以协助救援人员抢救人命，肩负起重要的任务。人类救援之所以很困难，是因为很难进入灾害现场，例如救援人员很难从因为地震倒塌的大楼的瓦砾堆中得知大楼里头的状况，这时候如果有可以在狭窄空间行走的机器人，例如蛇形机器人或是具有压缩功能、可以行走在陡峭空间的蟑螂机器人，就可以代替人类进入瓦砾堆中找寻受困者。

救灾机器人大赛

尽管理想中机器人的救灾功能很多，但目前许多科技都还在研发中，而且救灾机器人的研发过程很难有实战经验，毕竟救灾关系到人的生命，分秒必争，当然无法让还在实验阶段的机器人参与行动。所以这些在测试阶段、看起来功能非常完备的机器人，也有可能真正上场时却状况连连。前面提到的“3·11”核灾事故发生后，许多派去现场救援的机器人因通信的限制与事故现场太过复杂等原因，最后根本没能帮上忙。

由美国举办的号称全世界最强的机器人比赛（DRC），最近就以核灾救援作为比赛主题展开。参赛的机器人必须具备在恶劣环境中运动与操作的能力，要会使用各种工具，还要操作简单——即使没有经验的工作人员也能简单操作和控制，当然，机器人本身还要具备强大的自主决策能力。在实际比赛中，机器人要面对开车、开门、开启活门、打穿墙壁、跨越建筑物残骸及爬楼梯等挑战，主要是摸拟救灾时会面临的各种状况，从软件到硬件都是比拼的重点。这些看起来很简单的动作，对机器人来说还是困难重重。不过在这样不断的测试与改进之下，代替人类深入无法到达或危及生命安全的灾区进行救援的机器人，未来一定会越来越强大。

海上灾难救援机器人

地球上许多国家的海岸线曲折绵长，许多沿海居民依靠渔业为生。不过捉摸不定的大海也会给人类造成许多灾难，尤其是在台风来袭等气候不佳的时候，就容易有海难发生。当海上灾难发生时，通常得靠船员通报岸上，再由岸上出动救援人员前往救灾。但如果救灾时无法定位船舶位置，救援人员就必须花费许多时间进行搜寻，这很可能延误救灾的时机。

因此，科学家们也致力于研发出救援机器人系统。比如图中这款机器人，其外表是一架无人机，却配备有飞行姿态控制器，遇到乱流时会自主调整，保持稳定飞行。不过，最特别的是它的机身上搭载着船舶自动识别系统（AIS）。

所谓的AIS是一种强制装载于船舶上的系统，只要超过300吨的商用船只（非渔船）和载客用船只（无论大小和吨位）都必须装设，船只出海后就要打开系统。AIS的信号主要用于传递船只位置、航向和相关信息给陆地上的管制设施，如港口、交通管制站及附近的船只，目的是避免碰撞、帮助导航和维持海上安全。

陆地上的AIS接收基站，受地点跟高度的限制，可搜寻的范围有限，如果船只位于接收范围之外，还是无法准确为其定位。搭载着AIS系统的无人机起飞后，可以追踪的范围比陆地上的基站范围大得多，能够提供更多即时信息。当船只发生海难的地点在陆地基站接收范围外时，这台空中机器人一升空就能够快速定位船只位置，提高搜救的精准度。未来还会发展海洋船舶自主降落技术，让空中机器人可以在船上升空、降落，机动性更加强大。

这台空中机器人除了支持海上救援之外，还可以联合地面机器人进行陆空协同作业，空中机器人配备了视觉系统，在空中搜寻目标，接着将空中影像信息提供给地面机器人，地面机器人因为有空中影像的辅助，能取得更多资讯、更容易抵达目的地。陆地机器人另外配备有现场采样分析能力，如果在不容易到达的荒野发生灾难，就可以采用空降的方式，将地面机器人送进现场，再由空中机器人传递信息给地面机器人，当机器人找到受困者时，利用它的采样分析仪器，判别附近水源是否可以饮用，协助受困者维持生命。

陆空机器人协作，未来还可以加入船舶机器人一同运作，达到陆海空协同作业，进化为全面性的救援机器人系统。

海上灾难救援机器人

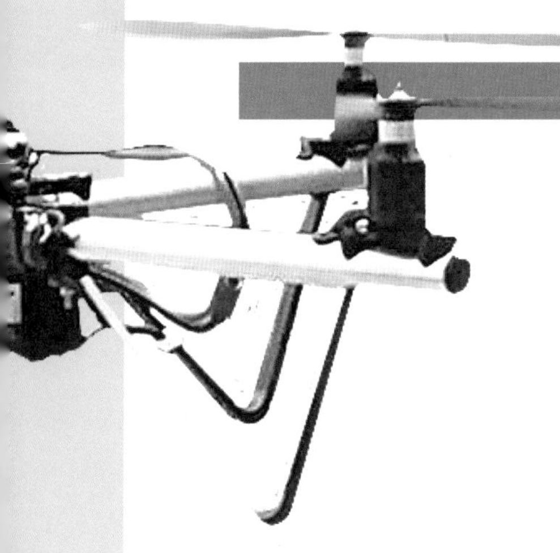

照片提供/李敏凡

医 疗 小 助 手

手术机器人

手术室里，病人躺在手术台上，在他身旁居然没有医生，取而代之的却是有着几只机械手臂的机器人。机器人动了起来，准备在病人身上下刀……你没看错，这不是科幻电影里的场景，而是正在发生的现实，给病人开刀的不是医生，而是机器人！但是别担心，旁边几位看起来像是在大型游戏机前打游戏的人，其实正是机器人背后掌控局面的人，也就是真正的医生。他们正通过手术机器人身上配备的3D视觉系统观察病人的病灶，再通过远程技术操作机器人的机械手臂，准确地下刀，进行拨开、切除以及最后的缝合动作。

1999年，由美国医疗仪器公司“直观外科”（Intuitive Surgical）将美国国防部这个疯狂的点子实现了，并且成功地生产出了这套手术系统，称为达·芬奇机械手臂手术系统，开启了机器人替人类开刀的先例。据统计，这款机器人从问世至2016年，已经被广泛应用于各个领域的外科手术中，每年在全世界能进行超过45万次手术，数量非常惊人，并且还有越来越多的人接受达·芬奇手术系统替他们开刀。

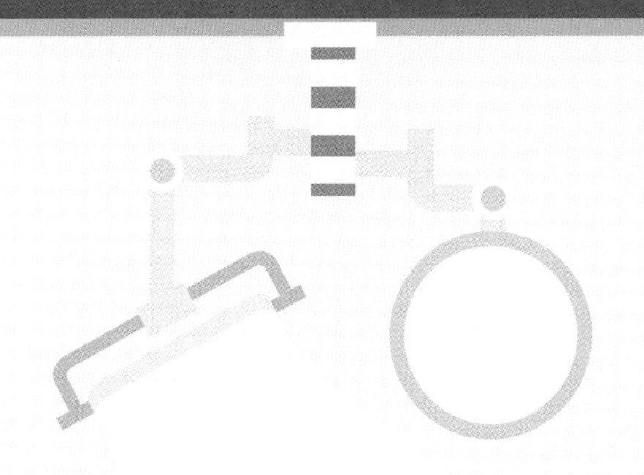

相较于传统的手术方式，让机器人开刀会不会让人感觉心里不踏实？这个系统又有什么优点让全世界的医院相继引进？这就要从达·芬奇手术系统的优良配备说起。它有多只机械手臂，可以像人的手臂一样活动，扭转幅度甚至还超过人手，可以灵活执行精细的手术动作。另外它还配备有3D立体影像系统，能让医生在观察病灶与手术过程的时候感觉更直观，判断更精准。而且机器人不会产生疲惫感，可以克服因为长时间开刀造成的手抖等人类不可避免的生理问题，执行缝合、切除等动作的精准度甚至比人类还高。当然，该看什么地方，该从哪里下刀，该怎么切除与缝合，这些还是会由专业的医生远程判断和操作，所以不用担心机器人会乱来。

不过，近年手术机器人的发展也朝着减少人类监控、让机器人自行进行手术的方向迈进。美国华盛顿特区的儿童国家公卫体系研究员彼得·金（Peter Kim）博士的团队研发出的“智能组织自动机器人”（STAR），可以通过电脑程序的设计，在没有人类干预的情况下，缝合猪的肠子，手术后的效果据说比医生亲自手缝还要好。他们希望这款自动机器人未来可以做到在没有医生监控的情况下，帮人类割阑尾。

不过，不管是正在使用的达·芬奇手术机器人，或者将来可能投入医疗领域的STAR，都还有一些需要克服的问题，比如手术费用过高、手术过程产生的风险与责任归属等等，但不论如何，这些机器人的发明，都让我们见识到了机器人的无限可能性！

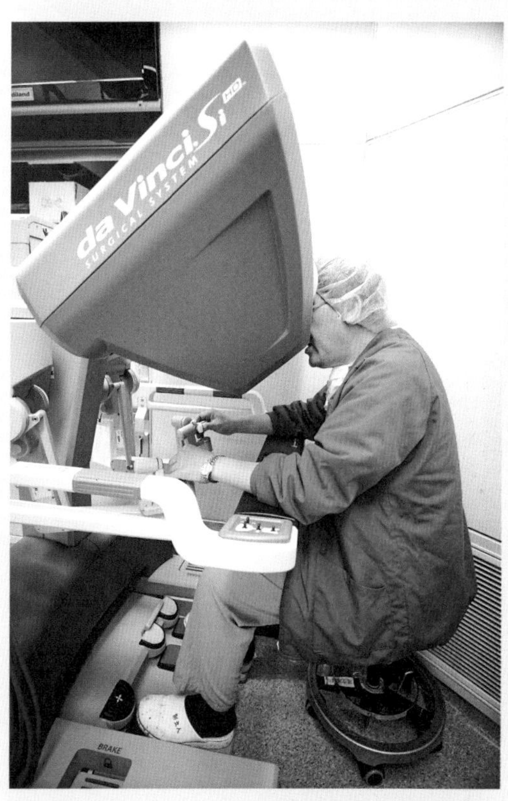

达·芬奇机械手臂手术系统

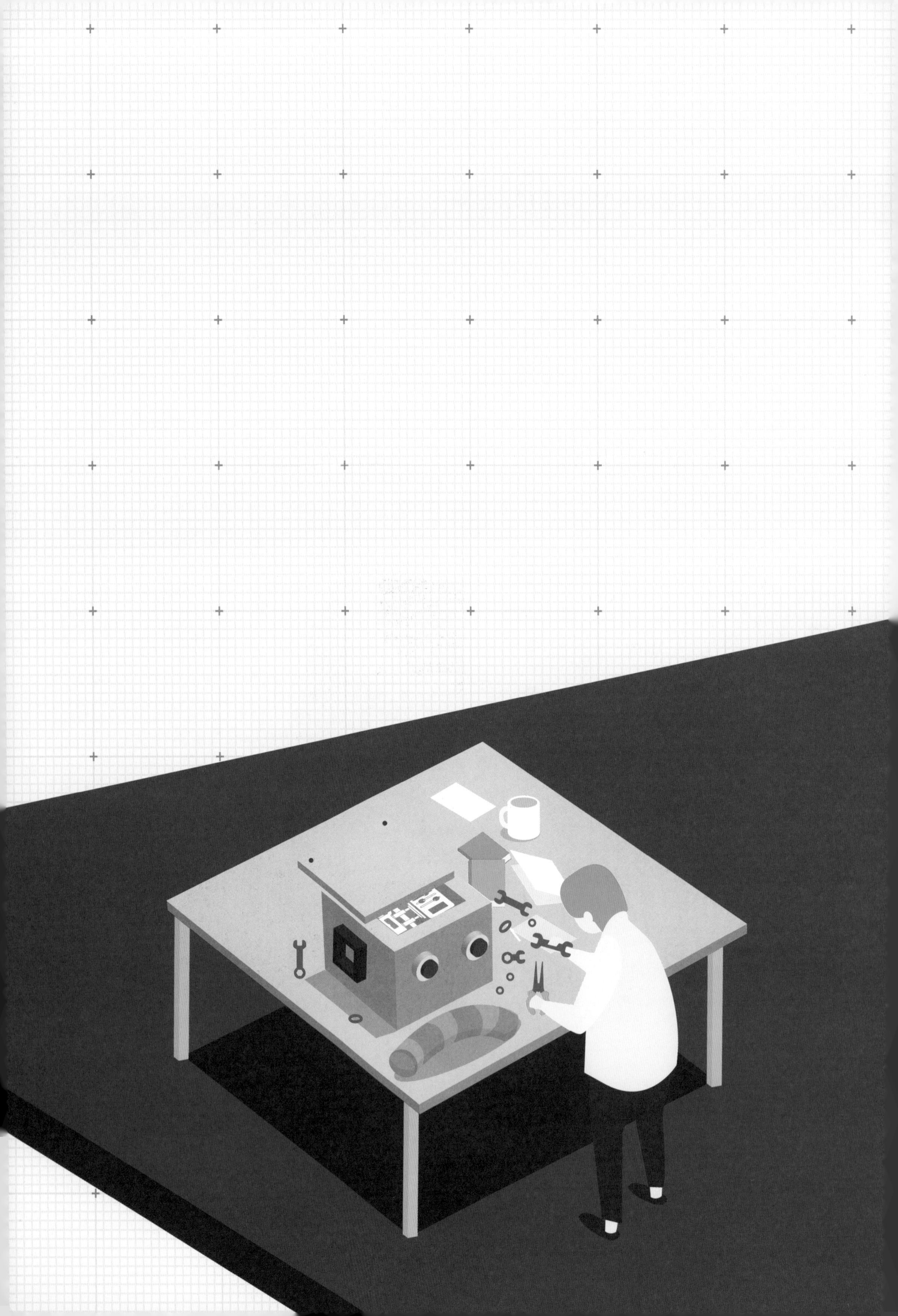

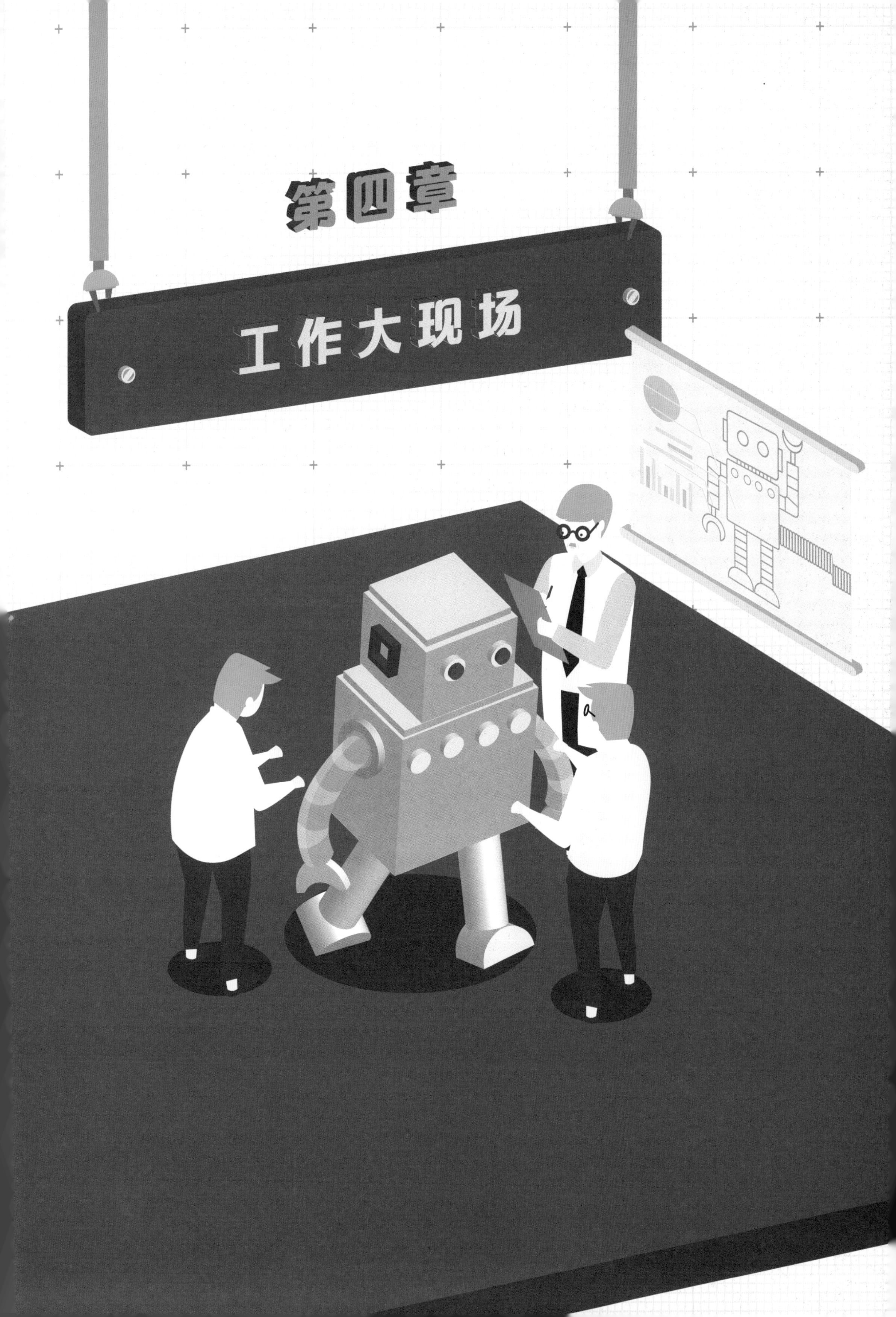
第四章
工作大现场

关于机器人的科技

生产一款智能机器人涉及许多不同专业领域的科技，从无到有地打造一款机器人，很难由一个人独立完成，因此不管是机器人实验室还是机器人研发团队，都是由具有不同专业背景的人组成的，团队协作特别重要。

基本组合 机器人的研究团队中，有三种专业背景的科研人员必不可少，不管你从事的是哪一种机器人的研发工作，都需要这三种人的加入。

1 机械工程专业

我们看到的机器人，都是由各种结构所组成，手、脚的关节怎么设计？怎么动才会顺畅？需要多高的结构强度才能把东西拿起来？要怎么改善构造才能让机器人变轻？这些问题都属于机械工程专业的研究范畴。也就是说，他们是机器人的结构设计师。

2 电机专业

机器人通过电力来驱动身体里的马达以及电脑，才能产生各种动作，实现各种功能。如何把电路像神经一样将机器人身体的各部位跟大脑连接起来？传感器与主要结构怎么配置？电路如何运作？这些问题都属于电机专业的研究范畴。

机器人之所以被称为机器人，正是因为他们拥有“智慧”，而这种智慧来自于人工智能的设计。如何为机器人打造出一个超级聪明的脑袋，就是信息工程专业的研究范畴。这个部分包括机器人身上的各种传感器回传信息的处理，例如影像处理，也包括前面我们所提到的机器人的深度学习。

信息工程专业 3

小贴士 —— 材料工程专业

这个专业不是每个团队都会配备，但是材料工程专业研究人员的加入却可以为机器人设计带来更多选择，特别是在硬件方面，想要硬的、软的、耐用耐磨等材料，材料工程专家都能给出专业的建议，并且为团队找到最佳的选择。在机器人制造不断追求轻量化的过程中，他们的重要性也越来越突出。

其他专业组合

除了基本班底之外，每个团队研发的机器人功能都有所不同，不论是用于救灾、服务、娱乐、医疗，还是用于制造业，哪一个领域都需要该领域的专家来提供意见，协助测试。像仿生机器人，需要模仿昆虫、猫狗、蛇类等等，生物学领域的专家长期研究这些生物，对它们了如指掌，就可以提供更深入的宝贵意见；研制水下与空中机器人，则要有熟悉气流、水流背景知识的专家加入，才能让机器人或展翅高飞，或如鱼得水；医疗机器人团队，因为研发的机器人与人类密切相关，更需要有医生、复健师这些人员加入，结合他们的专业背景与临床经验，提供精准与适当的建议。另外实际使用者的意见反馈也相当重要，通常能带给研究人员很宝贵的改善意见，让机器人更充满人性，因此有些医疗机器人团队也会邀请患者加入，成为团队的一员。

所以，不管研究的机器人属于哪个领域，来自专业人士的意见都是机器人可以不断进化的推动力。

机器人实验室

实验室里的机器人研发工作，听起来总是让人感觉浪漫又充满热情，但是对从业的研究人员来说，工作却不总是一帆风顺。让我们一起来看看实验室里的日常是怎样的风景。

实验室的日常

通常大家会分头做自己的研究，自由分配到实验室的时间，自主完成自己需要做的事情。

机器人测试

机器人进入实测阶段时，是大家又爱又怕的阶段，因为其间机器人发生的各种状况，都可能为研究人员带来各种或悲或喜的情绪波动。

机器人技术的传承

每个实验室的机器人都是由老师带着好几届的研究生，不断研发与改良而来，虽然我们看到的只是一款机器人，却是凝聚了很多人的心血、充满传承意味的成果啊。

直击机器人研发现场

当一款机器人可以走出实验室，真正跟使用者开始产生互动，其间从设计、制造到实际应用会经历哪些过程？又会遭遇到哪些困难？让我们进入实验室，以轻量型行动辅助机器人团队为例，看看他们努力不懈的奋斗过程。

团队成员

共有12人，包含了机器人专业的工程师、物理治理师以及患者。

a 机器人研发

用机器人专业以及自己摸索的知识，花费五个月时间打造出机器人。

b 应用测试

打造出机器人之后，由团队成员自行测试一个月。

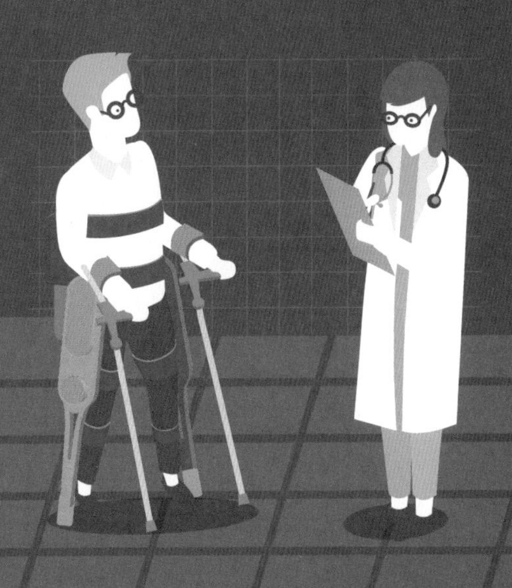

c 患者加入试用

团队去拜访脊髓损伤基金会了解患者需求，开始跟患者合作。患者提出使用回馈，团队再进行改良。这个时候他们内心最担心的是，患者实际的使用结果跟团队当初的设定不太一样，因为每位患者的生理条件不一样，需要酌情调整机器人的支撑强度。

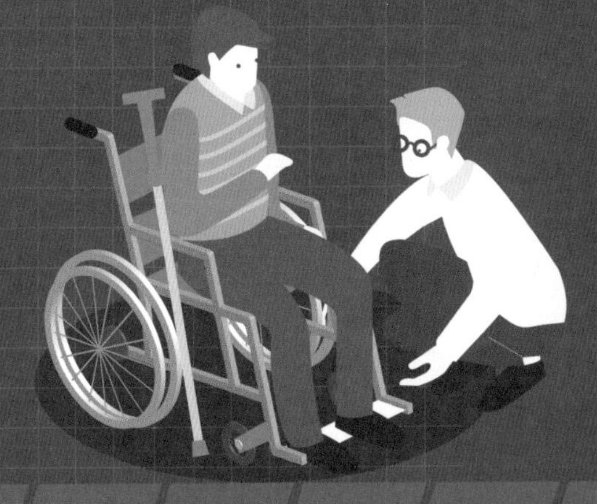

d 调整后再测试

改良后，每一周都到复健室在患者的协助下进行测试。

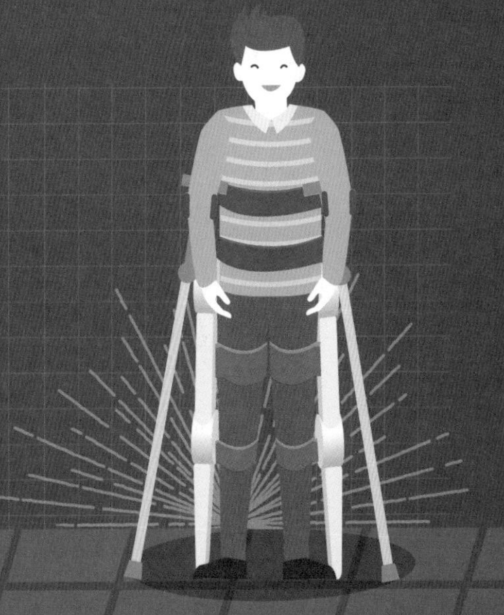

e 仍在克服中的困难与感想

机器人的研发需要投入大量的资源，每个实验室都面临着研究经费的问题。研发预算应该是每个机器人研究者最头痛的地方。工程师们认为，虽然大家制作的是机器，但想帮助人的初心很重要，秉持着这样的念头才能把这项工作推进、推广下去，让科技成就更多的好事。

后记

机器人的未来与挑战

自从1961年第一款工业机器人正式开始投入工业生产之后，短短数十年间，各式各样的机器人已经陆续走出实验室，逐渐出现在我们的生活中，人与机器人共同生活的时代，似乎正在不远的未来。

人类社会的好帮手

机器人是为了服务于人类而存在的，一直到现在，这个目标还是始终如一。机器人科技确实也在许多方面，大大改变了人类的生活。工业机器人不断进化，俨然已经成为下一次工业革命的关键角色。而福岛核灾之后，救灾机器人更是备受关注。抢救更多的生命，避免灾害扩大，希望就寄托在它们的身上。行动辅助机器人、导盲机器人、义肢机器人更是造福了有身体障碍的患者，让他们对重获自主、自立、自由的生活充满期待。服务型机器人则在我们迈向老龄社会的同时越显重要，在陪伴、协助年长者的生活起居等方面被寄予极高的期望。

但是，当人们对机器人有着更多期待与想象的同时，机器人研发也开始面临许多的挑战：人与机器人该怎么互动？机器人的发展是否会被应用到危害人类的方向？会不会有人类无法控制机器人行为的那一天？这些已成为机器人研发者不能忽视的问题。

出事了，谁该负责？

机器人实际应用到人类社会中，最直接的问题就是机器人的安全问题。机器人不管有多高的智慧，毕竟只是一台机器，凡是机器就可能会有瑕疵或者发生故障，人机互动也就会存在一定的风险。以最近成为热点的无人车来看，会自动驾驶、自主避障的人工智能无人车也是机器人家族的一员。虽然许多研究人员认为，由人工智能控制的无人车比起由人驾驶的车子更安全，但随着无人车实际投入使用后，开始发生大大小小的交通事故，甚至在2016年5月还造成一起致人死亡的车祸后，无人

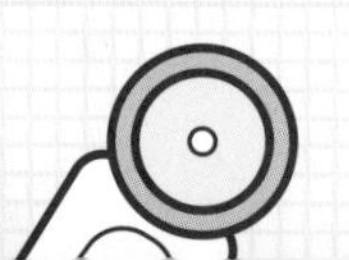
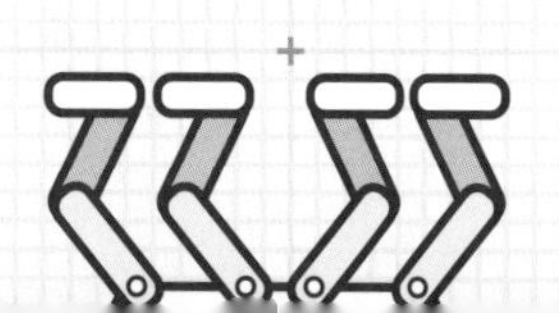

车的安全问题浮上台面。另一方面，责任归属问题也令人头痛。当机器人出事了，到底谁该负责？而机器人的使用又该如何规范？当机器人走进人类社会时，所引发的问题便不再只是研发者或是机器人学界的问题了。

机器人伦理

2002年，机器人专家维卢吉奥（Gianmarco Veruggio）创造了“机器人伦理学”（roboethics）这个名词，目的就是希望规范机器人在人类社会中所该扮演的角色，避免人类有一天被自己所设计出来的机器人反制。而机器人专家会有这样的担心，也不是没有道理，不过这个问题最终不在机器人身上，而应在人类自己身上。

2015年7月，霍金、马斯克、苹果公司联合创始人沃兹尼亚克等超过一千位人工智能和机器人领域的相关研究者，联合发表了一封公开信，希望联合国能禁止各国研发杀戮机器人，因为这样的机器人已经实际被应用在了战场上。当机器人被用作伤害人类的武器时，关于讨论机器人伦理的呼声就越来越高。但是怎么制定规则，又怎样让程序去执行这些规则，这些都是目前尚待解决的大问题。

之所以需要思索这些议题，在于机器人虽然是机器，但相对于电视、冰箱这样的机器，机器人又充满独特性，对于人类而言是一种特殊的存在。未来要创造一个人机和平共处的社会，就需要对机器人多一点人性的思考。就像我们前面所介绍的这些实验室中诞生的机器人，研发的起点都是始于想要解决问题、让人类社会变得更好的初衷。若能一直朝着这样的方向发展，机器人的研究与使用就不会出现我们经常在科幻电影中看到的那些可怕结局，反而能为我们带来更便利与充满期待的未来。

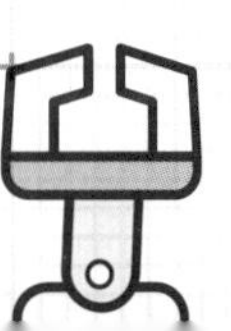

著作权合同登记:图字 11-2018-485 号
图书在版编目(CIP)数据

欢迎来到人工智能时代:百变智能机器人/周彦彤,杨谷洋著;好面,陈宛昀绘.—杭州:浙江少年儿童出版社,2020.2
ISBN 978-7-5597-1645-3

Ⅰ.①欢… Ⅱ.①周… ②杨… ③好… ④陈… Ⅲ.①智能机器人—少儿读物 Ⅳ.①TP242.6-49

中国版本图书馆 CIP 数据核字(2019)第 204171 号

欢迎来到人工智能时代——百变智能机器人
HUANYING LAIDAO RENGONGZHINENG SHIDAI BAIBIAN ZHINENG JIQIREN
周彦彤 杨谷洋 著 好面 陈宛昀 绘

责任编辑 刘迎曦
美术编辑 成慕姣
责任校对 冯季庆
责任印制 王 振

浙江少年儿童出版社出版发行
(杭州市天目山路 40 号)
杭州富春印务有限公司印刷
全国各地新华书店经销
开本 880mm×1230mm 1/16
印张 6
印数 1—8000
2020 年 2 月第 1 版
2020 年 2 月第 1 次印刷
ISBN 978-7-5597-1645-3
定价: 98.00 元
(如有印装质量问题,影响阅读,请与购买书店或承印厂联系调换)
承印厂联系电话:0571-64362059